普通高等教育"十二五"规划教材

示范院校重点建设专业系列教材

PLC 及其
在水电站的应用

主　编　刘一均

副主编　罗余庆　杨　鸽

U0284070

中国水利水电出版社

www.waterpub.com.cn

内 容 提 要

本书作为水电类高职高专自动化和机电类专业教学用书,内容按照 PLC 的不同应用领域组织,共六个项目,包括 PLC 基本逻辑控制;PLC 顺序控制系统;PLC 定位控制系统;PLC 模拟量控制;PLC 监控系统;PLC 在水电站的应用等。本书选择了三菱和西门子 PLC 实现控制系统为例进行说明。

本书主要适合作为水电类高职高专自动化和机电类专业的教材,也可作为高等院校、成人教育等相关专业学习 PLC 的辅助教材,也可作为从事水电站机电类工程技术人员参考的参考用书。

图书在版编目(CIP)数据

PLC 及其在水电站的应用/刘一均主编 . —北京:
中国水利水电出版社,2014.8(2016.1 重印)
 普通高等教育"十二五"规划教材 示范院校重点建
设专业系列教材
 ISBN 978 - 7 - 5170 - 2500 - 9

Ⅰ.①P… Ⅱ.①刘… Ⅲ.①plc 技术-应用-水力发
电站-高等学校-教材 Ⅳ.①TV74

中国版本图书馆 CIP 数据核字(2014)第 215017 号

书 名	普通高等教育"十二五"规划教材 示范院校重点建设专业系列教材 **PLC 及其在水电站的应用**	
作 者	主编 刘一均 副主编 罗余庆 杨鸽	
出版发行	中国水利水电出版社	
	(北京市海淀区玉渊潭南路 1 号 D 座 100038)	
	网址:www.waterpub.com.cn	
	E - mail:sales@waterpub.com.cn	
	电话:(010) 68367658(发行部)	
经 售	北京科水图书销售中心(零售)	
	电话:(010) 88383994、63202643、68545874	
	全国各地新华书店和相关出版物销售网点	
排 版	中国水利水电出版社微机排版中心	
印 刷	北京瑞斯通印务发展有限公司	
规 格	184mm×260mm 16 开本 11.75 印张 278 千字	
版 次	2014 年 8 月第 1 版 2016 年 1 月第 2 次印刷	
印 数	2001—3500 册	
定 价	**28.00 元**	

四川水利职业技术学院电力工程系
"示范院校建设" 教材编委会名单

冯黎兵　杨星跃　蒋云怒　杨泽江　袁兴惠　周宏伟

韦志平　郑　静　郑　国　刘一均　陈　荣　刘　凯

易天福　李奎荣　李荣久　黄德建　尹志渊　郑嘉龙

李艳君　罗余庆　谭兴杰

杨中瑞（四川省双合教学科研电厂）

仲应贵（四川省送变电建设有限责任公司）

舒　胜（四川省外江管理处三合堰电站）

何朝伟（四川兴网电力设计有限公司）

唐昆明（重庆新世纪电气有限责任公司）

江建明（国电科学技术研究院）

刘运平（宜宾富源发电设备有限公司）

肖　明（岷江水利电力股份有限公司）

前言
PREFACE

本书以职业岗位能力要求为依据,在对水电站等机电设备安装与调试、运行与维护等岗位进行广泛调研的基础上,按照"以项目为载体,以任务为驱动,教、学、做一体"的编写思路,将每个项目按照项目式教学进行内容编排,包括项目分析、项目目标、项目任务、任务分析、知识链接、任务实施、拓展知识和能力检测等,力求让技能教学在学生的实际操作中完成,使学习内容与生产实际相结合。并在内容上将可编程控制器技术、变频器技术和触摸屏及组态技术等技术内容融为一体。

为使学生掌握可编程控制器等专业能力所需的知识与技能,本书以常用电气设备控制系统为贯穿项目,并由PLC基本逻辑控制、PLC顺序控制系统、PLC定位控制系统、PLC模拟量控制、PLC监控系统、PLC在水电站的应用等六个项目来组织教学,将职业行动领域的工作过程融合在项目训练中,在每个项目下面通过PLC不同的控制任务来组织教学。

本书作为"可编程控制器"课程方向教材,由四川水利职业技术学院刘一均任主编,罗余庆和杨鸽任副主编。罗余庆组织编写项目一和项目二,杨鸽组织编写项目三和项目四,刘一均组织编写项目五和项目六。全书由刘一均统稿,由四川水利职业技术学院电力工程系"示范院校建设教材编委会"审稿。教材编写中得到了浙江天煌科技实业有限公司和武汉市汉诺优电控有限责任公司工程技术人员的帮助和支持,曾行、龚飞对本书的编写也提供了帮助,部分章节内容参考了三菱、西门子和北京昆仑通态等公司的相关技术资料和相关文献,编写过程中也得到了相关网站和论坛的支持,在此一并表示诚挚的谢意。

由于编者水平有限,组编仓促,书中难免存在不足之处,敬请广大读者批评指正。

编者

2014 年 5 月

目 录
CONTENTS

绪　　论

一、课程的性质与作用

"可编程序控制器及其水电站的应用"课程是自动化技术专业学生的一门专业技术技能课程，工程应用性与操作性较强。通过对本课程的学习，学生应掌握可编程序控制器（PLC）的工作原理，掌握 PLC 的常用指令及应用程序设计方法，掌握水电站 PLC 控制对象及其控制方法，熟悉 PLC 基本单元、扩展单元及外围一般元件的技术要求与选型依据，熟悉 PLC 控制系统施工与质量验收规范，了解国内外 PLC 技术发展动向；具有熟练安装、接线、调试、维护与维修 PLC 控制系统的能力；具有用可编程序控制器完成中等复杂程度机电设备的改造设计能力。为"微机监控与保护"等各专业课程的学习打下良好的基础，对学生今后的就业和创业提供较大帮助。

二、课程的主要内容及培养目标

通过对本课程的学习和训练，学生应熟悉 PLC 的基础知识，掌握 PLC 的指令系统和编程方法，能够应用 PLC 完成实际控制系统的设计、安装及调试；培养学生分析、解决生产实际问题的能力，提高学生的职业技能和专业素质；提高学生学习的能力，养成良好的思维和学习习惯；发展好奇心和求知欲，培养坚持真理、勇于创新、实事求是的科学态度与科学精神，形成科学的价值观；培养学生的团队合作精神；熟悉水电站的可编程控制器，为成为中级运行工及维修电工以及高级运行工及维修电工储备必要的知识与技能，并具备以下工作能力。

1. 方法能力目标

（1）培养学生资料收集与整理能力。

（2）培养学生制定实施工作计划的能力。

（3）培养学生简单的绘图与识图能力。

（4）培养学生工艺文件理解能力。

（5）培养学生检查、判断能力。

（6）培养学生理论知识的运用能力。

（7）培养学生谦虚、好学的能力。

（8）培养学生勤于思考、做事认真的良好作风。

（9）培养学生良好的职业道德。

2. 社会能力目标

（1）培养学生分析问题、解决问题的能力。

（2）培养学生勇于创新、敬业乐业的工作作风。

（3）培养学生的沟通能力及团队协作精神。

（4）培养学生的质量意识、安全意识、环保意识。

（5）培养学生根据工作任务进行合理分工，互相帮助、协作完成工作任务的能力。

（6）培养学生社会责任心。

（7）具有与客户、需方以及其他部门、人员较强的沟通、表达能力。

3. 专业能力目标

（1）能熟练使用 PLC 的编程软件。

（2）能利用编程软件对中等复杂程度的控制过程进行编程。

（3）能根据任务要求选择合适 PLC 和扩展模块，并能进行 I/O 地址分配。

（4）能进行 PLC 的硬件接线和调试。

（5）能用 PLC 构成简单的工业网络，并进行通信。

（6）能完成一个中等难度的项目设计任务。

（7）具备分析实际 PLC 控制系统的能力，能合作完成简单控制系统的设计、安装、编程和调试工作。

（8）具备水电站 PLC 控制系统设计、安装、调试和维护技术。

三、项目介绍

为使学生掌握 PLC 等专业能力所需的知识与技能，本课程以电力系统常用电气设备控制系统为贯穿项目，并由基本逻辑控制、顺序控制系统、定位控制系统、模拟量控制、监控系统、PLC 在水电站的应用等六个项目来组织教学，将职业行动领域的工作过程融合在项目训练中，在每个项目下面应用 PLC 完成不同的控制任务来组织教学。

四、教学实施建议

对于项目一至项目五，强调动手实际操作训练，实训条件允许可以全在实验室采用"边讲边练边操作"的方式进行，课时安排上每个任务可以 2～4 节连续排课，便于一次将一个任务实施完成，具体教学时间安排可参考附录二；对于项目六，由于条件限制，可以采用"教师布置任务，学生讨论，教师总结，现场分析"方式进行。

项目一 PLC 基本逻辑控制

项目分析

PLC 是专为在工业环境应用而设计的，PLC 控制系统包括两部分，一部分是硬件系统，另一部分是软件系统。PLC 的硬件基本组成主要由微处理器（CPU）、存储器、I/O单元、电源单元和编程器等五大部分组成。软件系统主要是编制的各种程序。为了很好地掌握 PLC 相关理论，本项目分两个任务来进行学习。

项目目标

（1）熟悉传统的继电接触控制系统，掌握 PLC 基本组成与各部分功能。

（2）正确使用 PLC 基本指令进行编程操作，按照编程规则正确编写简单的控制程序。

（3）掌握启动保持停止电路的梯形图程序设计方法，具有 PLC 控制接线能力。

任务一 PLC 彩灯控制

任务描述

节日彩灯的亮暗变化可以给节日带来无穷乐趣，现有一彩灯，通过 PLC 来实现它的亮暗控制。控制电路如图 1-1 所示。

控制要求：①按下按钮 SB，彩灯 HL 亮；②松开按钮 SB，彩灯 HL 灭。

如何用 PLC 实现本任务呢？PLC 是什么？其结构如何？下面通过对本任务的学习来解决这些问题。

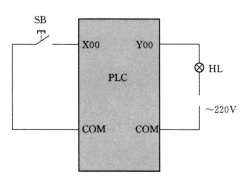

图 1-1 彩灯控制电路

知识链接 PLC 的组成

PLC 是计算机家族中的一员，专为在工业环境应用而设计的。它采用一类可编程的存储器，用于其内部存储程序，执行逻辑运算、顺序控制、定时、计数与算术操作等面向用户的指令，并通过数字或模拟式输入/输出控制各种类型的机械或生产过程。传统的继电接触控制系统通常由输入设备、控制线路和输出设备三大部分组成，如图 1-2 所示。显然这是一种由许多"硬"的元器件连接起来组成的控制系统，PLC 及其控制系统是从继电接触控制系统和计算机控制系统发展而来的，PLC 的输入/输出部分与继电接触控制系统大致相同，PLC 控制部分用微处理器和存储器取代了继电器控制线路，其控制作用是通过用户软件来实现的。PLC 的基本结构如图 1-3 所示。PLC 的基本组成部分包括微处理器（CPU）、存储器、I/O单元、电源单元和编程器等。

图1-2　继电接触控制系统

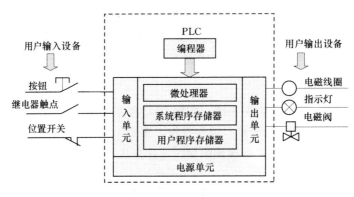

图1-3　PLC的基本结构

1. 微处理器（CPU）

CPU一般由控制器、运算器和寄存器组成，这些电路都集成在一个芯片上。与一般计算机一样，CPU是可编程控制器的核心，按系统程序赋予的功能指挥可编程控制器有条不紊地进行工作。

不同型号可编程控制器的CPU芯片是不同的，有的采用通用CPU芯片，如8031、8051、8086、80826等，也有采用厂家自行设计的专用CPU芯片（如西门子公司的S7-200系列可编程控制器均采用其自行研制的专用芯片），随着CPU芯片技术的不断发展，可编程控制器所用的CPU芯片也越来越高档。

CPU有以下主要功能：

（1）接收并存储用户程序和数据。

（2）诊断电源、PLC工作状态及编程的语法错误。

（3）接收输入信号，送入数据寄存器并保存。

（4）运行时顺序读取、解释、执行用户程序，完成用户程序的各种操作。

（5）将用户程序的执行结果送至输出端。

2. 存储器

可编程控制器的存储器可以分为系统程序存储器、用户程序存储器及工作数据存储器等三种。

（1）系统程序存储器。系统程序存储器用来存放由可编程控制器生产厂家编写的系统程序，并固化在ROM内，用户不能直接更改。系统程序质量的好坏，很大程度上决定了 PLC 的性能，其内容主要包括三部分：第一部分为系统管理程序，它主要控制可编程控制器的运行，使整个可编程控制器按部就班地工作；第二部分为用户指令解释程序，通过用户指令解释程序，将可编程控制器的编程语言变为机器语言指令，再由 CPU 执行这些指令；第三部分为标准程序模块与系统调用程序，它包括许多不同功能的子程序及其调用管理程序，如完成输入、输出及特殊运算等的子程序，可编程控制器的具体工作都是由这部分程序来完成的，这部分程序的多少决定了可编程控制器性能的强弱。

（2）用户程序存储器。根据控制要求而编制的应用程序称为用户程序。用户程序存储器用来存放针对具体控制任务，用规定的可编程控制器编程语言编写的各种用户程序。目前较先进的可编程控制器采用可随时读写的快闪存储器作为用户程序存储器。快闪存储器不需后备电池，掉电时数据也不会丢失。

（3）工作数据存储器。工作数据存储器用来存储工作数据，即用户程序中使用的 ON/OFF 状态、数值数据等。在工作数据区中开辟有元件映像寄存器和数据表。其中元件映像寄存器用来存储开关量、输出状态以及定时器、计数器、辅助继电器等内部器件的 ON/OFF 状态。数据表用来存放各种数据，它存储用户程序执行时的某些可变参数值及 A/D 转换得到的数字量和数学运算的结果等。

3. 输入/输出（I/O）单元

输入/输出接口是 PLC 与外界连接的接口，是 CPU 与现场 I/O 装置或其他外部设备之间的连接部件。图 1-4 所示为三菱 FX2N 型 PLC 外部 I/O 端口。

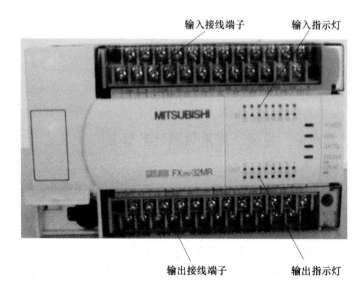

图 1-4　三菱 FX2N 型 PLC 外部 I/O 端口

输入接口用来接收和采集两种类型的输入信号，一类是由按钮、选择开关、行程开关、继电器触点、接近开关、光电开关、数字拨码开关等开关量输入信号。另一类是由电位器、测速发电机和各种变送器等传递过来的模拟量输入信号。

输出接口用来连接被控对象中各种执行元件，如接触器、电磁阀、指示灯、调节阀

（模拟量）、调速装置（模拟量）等。

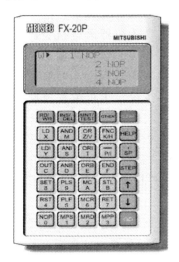

图 1-5 三菱 FX2N 编程器

4．编程器

编程器有简易编程器和智能图形编程器两种，主要用于编程、对系统作一些设定、监控 PLC 及 PLC 所控制的系统的工作状况。编程器是 PLC 开发应用、监测运行、检查维护不可缺少的器件。图 1-5 所示为三菱 FX2N 简易编程器。

5．电源

电源部件用来将外部供电电源转换成供 PLC 的 CPU、存储器、I/O 接口等电子电路工作所需要的直流电源，使 PLC 能正常工作。

PLC 的电源部件有很好的稳压措施，因此对外部电源的要求不高。直流 24V 供电的机型，允许电压为 16～32V；交流 220V 供电的机型，允许电压为 85～264V，频率为 47～53Hz。

一般情况下，PLC 还为用户提供 24V 直流电源作为输入电源或负载电源。

任务实施

由图 1-1 硬件电路图所示，绘制 PLC 控制程序如图 1-6 所示。

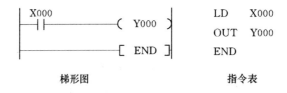

梯形图   指令表

图 1-6 彩灯控制程序

拓展知识　PLC 的产生、发展、应用领域及其语言

1．PLC 的产生和发展

20 世纪 60 年代，在世界工业技术改革浪潮的冲击下，各工业发达国家都在寻找一种比继电器更可靠、功能更齐全、响应速度更快的新型工业控制装置。直到 1968 年，美国通用汽车（GE）公司为适应汽车型号的不断翻新，尽量避免重建流水线和更换继电器控制系统，以降低成本，缩短生产周期。为此，美国通用汽车公司公开招标，研制一种工业控制器，提出了“使用、编程方便，可在现场修改和调试程序，维护方便，可靠性高，体积小，易于扩充”等要求。

根据招标要求，美国数字设备公司（DEC）在 1969 年研制出了第一台可编程控制器 PDP-14，并在通用汽车公司的自动装配生产线上试用，获得成功，从而开创了工业控制的新局面。经过 30 多年的发展，产品性能日臻完善，概括起来，对其发展过程可归纳，见表 1-1。

表 1 - 1 　　　　　　　　　　　PLC 的 发 展 过 程

发展时期	特　　点	典型产品举例
初创时期 （1969—1977 年）	由数字集成电路构成，功能简单，仅具备逻辑运算和计时、计数功能。机种单一，没有形成系列	DEC 公司的 PDP - 14、日本富士电机公司的 USC - 4000 等
功能扩展时期 （1977—1982 年）	以微处理器为核心，功能不断完善，增加了传送、比较和模拟量运算等功能。初步形成系列，可靠性进一步提高，存储器采用 EPROM	德国西门子公司的 SYMATIC S3 系列和 S4 系列、日本富士电机公司的 SC 系列等
联机通信时期 （1982—1990 年）	能够与计算机联机通信，出现了分布式控制，增加了多种特殊功能，如浮点数运算、平方、三角函数、脉宽调制等	德国西门子公司的 SYMATIC S5 系列、日本三菱公司的 MELPLAC - 50、日本富士电机公司的 MICREEX 等
网络化时期 （1990—今 ）	通信协议走向标准化，实现了和计算机网络互联，出现了工业控制网。可以用高级语言编程	德国西门子公司的 S7 系列、日本三菱公司的 A 系列等

从 PLC 的发展趋势看，PLC 控制技术将成为今后工业自动化的主要手段。在未来的工业生产中，PLC 技术、机器人技术、CAD/CAM 和数控技术将成为实现工业生产自动化的四大支柱技术。

2. PLC 的应用领域

PLC 已广泛应用于工业生产的各个领域。从行业看，冶金、机械、化工、轻工、食品、建材等，几乎没有不用到它的。不仅工业生产用它，一些非工业过程，如楼宇自动化、电梯控制、农业的大棚环境参数调控、水利灌溉等。PLC 应用领域主要分为如下几类：

（1）取代传统的继电器电路。实现逻辑控制、顺序控制，既可用于单台设备的控制，也可用于多机群控及自动化流水线，如注塑机、印刷机、订书机械、组合机床、电镀流水线等。

（2）工业过程控制。在工业生产过程当中，存在一些如温度、压力、流量、液位和速度等连续变化的量，PLC 采用相应的 A/D 和 D/A 转换模块，以及各种各样的控制算法程序来处理，完成闭环控制。

（3）运动控制。PLC 可以用于圆周运动或直线运动的控制。一般使用专用的运动控制模块，如可驱动步进电动机或伺服电动机的单轴或多轴位置控制模块，广泛用于各种机械、机床、机器人、电梯等场合。

（4）数据处理。PLC 具有数学运算、数据传送、数据转换、排序、查表、位操作等功能，可以完成数据的采集、分析及处理。数据处理一般用于如造纸、冶金、食品工业中的一些大型控制系统。

（5）通信及联网。PLC 通信含 PLC 间的通信及 PLC 与其他智能设备间的通信。随着工厂自动化网络的发展，现在的 PLC 都具有通信接口，通信非常方便。

3. PLC 的编程语言

（1）梯形图语言。梯形图语言是在继电器控制原理图的基础上产生的一种直观、形象的图形逻辑编程语言。它沿用继电器的触点、线圈、串并联等术语和图形符号，同时也增加了一些继电器控制系统中没有的特殊符号，以便扩充 PLC 的控制功能。

梯形图语言比较形象、直观，对于熟悉继电器表达方式的电气技术人员来说，不需要学习更深的计算机知识，极易被接受，因此在 PLC 编程语言中应用最多。图 1-7 所示为采用接触器控制的电动机起停控制线路。图 1-8 所示为采用 PLC 控制时的梯形图。可以看出两者之间的对应关系。

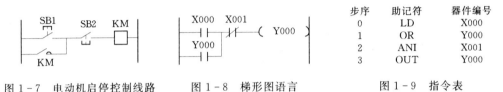

步序	助记符	器件编号
0	LD	X000
1	OR	Y000
2	ANI	X001
3	OUT	Y000

图 1-7　电动机启停控制线路　　　图 1-8　梯形图语言　　　图 1-9　指令表

（2）指令表语言。指令表语言就是助记符语言，它常用一些助记符来表示 PLC 的某种操作，有的厂家将指令称为语句，两条或两条以上的指令的集合称为指令表，也称语句表。不同型号 PLC 助记符的形式不同。图 1-9 所示为图 1-8 所示梯形图所对应的指令表语言。

通常情况下，用户利用梯形图进行编程，然后再将所编程序通过编程软件或人工的方法转换成语句表输入到 PLC。

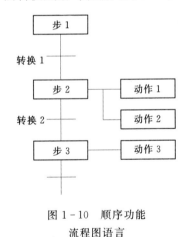

图 1-10　顺序功能流程图语言

（3）顺序功能流程图语言。顺序功能图常用来编制顺序控制类程序。它包含步、动作、转换三个要素。顺序功能编程法可将一个复杂的控制过程分解为一些小的顺序控制要求连接组合成整体的控制程序。顺序功能图法体现了一种编程思想，在程序的编制中具有很重要的意义。如图 1-10 所示为某一控制系统顺序功能流程图语言。

顺序功能流程图编程语言的特点：以功能为主线，按照功能流程的顺序分配，条理清楚，便于对用户程序理解；避免梯形图或其他语言不能顺序动作的缺陷，同时也避免了用梯形图语言对顺序动作编程时，由于机械互锁造成用户程序结构复杂、难以理解的缺陷；用户程序扫描时间也大大缩短。

能力检测

1. 什么是可编程控制器？它的组成部分有哪些？

2. PLC 的 CPU 有哪些功能？

3. PLC 的常见编程语言有哪些？

4. 简述 PLC 的发展历程。

5. 简述 PLC 的应用领域。

任务二 PLC 电机控制系统

任务描述

连续运转控制线路如图 1-11 所示，该线路可以控制电动机连续运转，并且具有短路、过载、欠压及失压保护功能。现用 PLC 代替继电器控制电路进行控制。

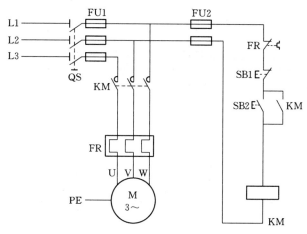

图 1-11 连续运转控制线路

从如图 1-11 所示的控制线路可见，主电路部分由开关 QS、熔断器 FU1、接触器主触点、热继电器热元件及电动机组成，而控制电路部分由热继电器常闭触点、停止按钮 SB1、启动按钮 SB2、接触器线圈及常开触点组成。

在控制电路中，热继电器常闭触点、停止按钮、启动按钮属于控制信号，应作为 PLC 的输入量分配接线端子；而接触器线圈属于被控对象，应作为 PLC 的输出量分配接线端子。对于 PLC 的输出端子来说，允许额定电压为 220V，因此需要将原线路图中接触器的线圈电压由 380V 改为 220V，以适应 PLC 的输出端子需要。

利用三菱 FX2 系列 PLC 来完成本任务。

知识链接 PLC 的指令

1. LD、LDI、OUT 指令

（1）指令及梯形图表示方法见表 1-2。

表 1-2 　　　　　　　LD、LDI、OUT 指令及梯形图表示方法

助记符	功　能	梯形图图示	操作元件	程序步
LD	取常开触点	—| |—	X、Y、M、T、C、S	1
LDI	取常闭触点	—|/|—	X、Y、M、T、C、S	1
OUT	输出到线圈	—（ ）—	Y、M、T、C、S	1

（2）使用说明。

1）LD 和 LDI 指令一方面可用于和梯形图的左母线相连，作为一个逻辑行开始；另一方面可与 ANB、ORB 指令配合使用，作为分支电路的起点。

2）OUT 指令用于把运算结果输出到线圈。注意没有输入线圈。

3）在定时器 T、计数器 C 的输出指令后，必须设定常数 K 的值。在编程时它要占一个步序。

2. 触点串联指令

（1）指令及梯形图表示方法见表 1-3。

表 1-3　　　　　　　　触点串联指令及梯形图表示方法

助记符	功能	LAD 图示	操作元件	程序步
AND	与指令		X、Y、M、T、C、S	1
ANI	与非指令		X、Y、M、T、C、S	1

（2）使用说明。

1）AND、ANI 指令用于单个触头的串联，但串联接点的数量没有限制，这两个指令可多次重复使用。

2）在 OUT 指令后面，通过某一接点对其他线圈使用 OUT 指令，称为连续输出。

3. 触点并联指令

（1）指令及梯形图表示方法见表 1-4。

表 1-4　　　　　　　　触点并联指令及梯形图表示方法

助记符	功能	LAD 图示	操作元件	程序步
OR	或指令		X、Y、M、T、C、S	1
ORI	或非指令		X、Y、M、T、C、S	1

（2）使用说明。

1）OR、ORI 指令用于单个指令并联，触点并联的数量不变。

2）这两个指令可连续使用。

4. 电路块的并联、串联指令

（1）指令及梯形图表示方法见表 1-5。

表 1-5　　　　　　　　　电路块的并、串联指令及梯形图表示方法

助记符	功能	LAD 图示	操作元件	程序步
ORB	电路块并		无	1
ANB	电路块串		无	1

（2）使用说明。

1）ORB、ANB 无操作软元件。

2）2 个以上的触点串联连接的电路称为串联电路块。

3）将串联电路并联连接时，分支开始用 LD、LDI 指令，分支结束用 ORB 指令。

4）ORB、ANB 指令，是无操作元件的独立指令，它们只描述电路的串并联关系。

5）有多个串联电路时，若对每个电路块使用 ORB 指令，则串联电路没有限制。

6）若多个并联电路块按顺序和前面的电路串联连接时，则 ANB 指令的使用次数没有限制。

7）使用 ORB、ANB 指令编程时，也可以采取 ORB、ANB 指令连续使用的方法；但只能连续使用不超过 8 次，建议不使用此法。

（3）程序举例。电路块并、串联指令应用程序如图 1-12 所示。

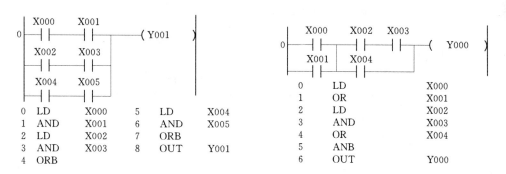

0	LD	X000	5	LD	X004
1	AND	X001	6	AND	X005
2	LD	X002	7	ORB	
3	AND	X003	8	OUT	Y001
4	ORB				

0	LD	X000
1	OR	X001
2	LD	X002
3	AND	X003
4	OR	X004
5	ANB	
6	OUT	Y000

图 1-12　ORB、ANB 指令应用

5. 程序结束指令（END）简介

（1）指令及梯形图表示方法见表 1-6。

表 1-6　　　　　　　　　程序结束指令及梯形图表示方法

助记符	功能	LAD 图示	操作元件	程序步
END	程序结束	END	无	1

（2）使用说明。在程序结束处写上 END 指令，PLC 只执行第一步至 END 之间的程序，并立即输出处理。若不写 END 指令，PLC 将从用户存储器的第一步执行到最后一步，因此，使用 END 指令可缩短扫描周期。另外。在调试程序时，可以将 END 指令插在各程序段之后，分段检查各程序段的动作，确认无误后，再依次删去插入的 END 指令。

6. 置位、复位指令

（1）指令及梯形图表示方法见表 1-7。

表 1-7　　　　　　　　　　　复位、置位指令及梯形图表示方法

助记符	功能	LAD 图示	操作元件	程序步
SET	置位并保持	┤├─[S]─	M010～M490，Y，S	1～2
RST	复位并保持清零	┤├─[R]─	M010～M490，Y，S	1～3

（2）使用说明。

1）SET/RST 指令使继电器具有记忆功能，且仅对单个继电器的操作有效，若对多位数据执行操作时，应用 RST 指令。

2）SET/RST 指令操作均在控制信号的上升沿有效，且两操作之间允许插入其他程序。

注意：对于同一元件可多次使用 S/R 指令操作，顺序不限。但若各 S/R 指令操作条件均成立，则只有最后一次 S/R 操作有效。

7. 脉冲输出指令

（1）指令及梯形图表示方法见表 1-8。

表 1-8　　　　　　　　　　　脉冲输出指令及梯形图表示方法

助记符	功能	LAD 图示	操作元件	程序步
PLS	上升沿脉冲输出	┤├─[PLS]─	M	2
PLF	下降沿脉冲输出	┤├─[PLF]─	M	2

（2）使用说明。

1）PLS、PLF 指令仅用于普通辅助继电器，不能驱动其他线圈。PLS 产生的脉冲宽度为驱动输入接通后的一个扫描周期。PLF 产生的脉冲宽度为驱动输入断开后的一个扫描周期。

2）在脉冲输出指令脉冲输出期间，用跳转指令使脉冲输出指令发生跳转，该脉冲仍保持输出。

（3）程序举例。脉冲输出指令应用程序如图1-13所示。

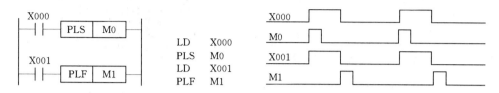

图1-13　脉冲输出指令应用

任务实施

1. I/O点分配

根据任务分析，对输入量、输出量进行分配，见表1-9。

表1-9　　　　　　　　　　　　I/O　分　配　表

输入量（IN）			输出量（OUT）		
元件代号	功能	输入点	元件代号	功能	输出点
SB2	启动按钮	X000	KM	接触器线圈	Y000
SB1	停止按钮	X001			
FR	热继电器常闭触点	X002			

2. 绘制PLC硬件接线图

根据图1-11所示的控制线路图及I/O分配表，绘制PLC硬件接线图，如图1-14所示，以保证硬件接线操作正确。

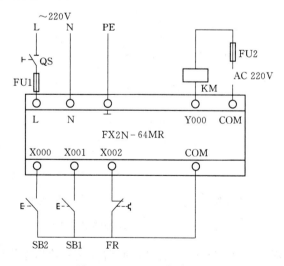

图1-14　PLC硬件接线图

3. 设计梯形图程序及语句表

设计梯形图程序及语句表如图1-15所示。

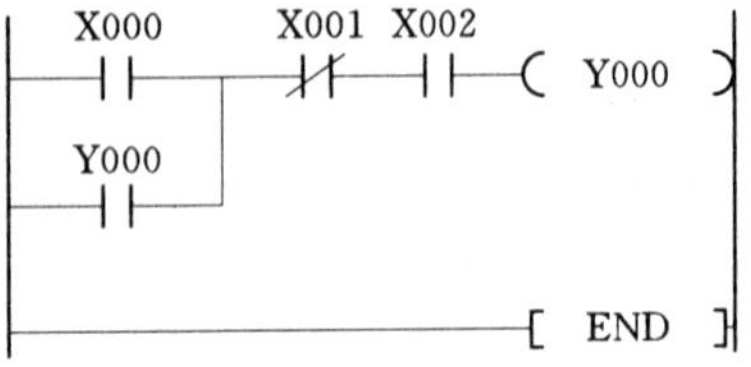

```
    X000      X001 X002
    ─┤├─────────┤╱├──┤├──( Y000 )

    Y000
    ─┤├─

                        ─[ END ]
```

LD	X000	母线连接常开触点 X000
OR	Y000	并联继电器常开触点 Y000
ANI	X001	串联常闭触点 X001
AND	X002	串联常开触点 X002
OUT	Y000	驱动输出线圈 Y000
END		程序结束

(a)梯形图   (b)语句表

图 1-15 梯形图程序及语句表

拓展知识 PLC 的编程要领

(1) PLC 梯形图中的各编程元件的触点,可以反复使用,数量不限。

(2) 梯形图中每一行都是从左母线开始,到右母线为止,触点在左,线圈在右,触点不能放在线圈右边,如图 1-16 所示。

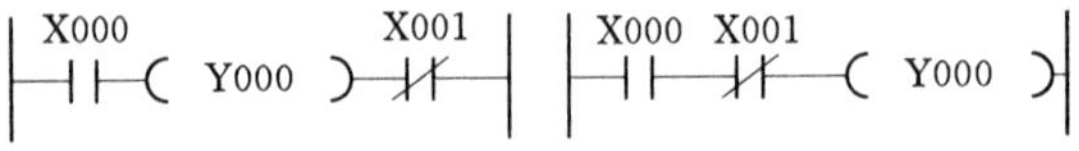

```
    X000                X000  X001
    ─┤├──( Y000 )──┤╱├─   ─┤├──┤╱├──( Y000 )

      (a)不正确                 (b)正确
```

图 1-16 PLC 梯形图

(3) 线圈一般不能直接与左母线相连,如图 1-17 所示。

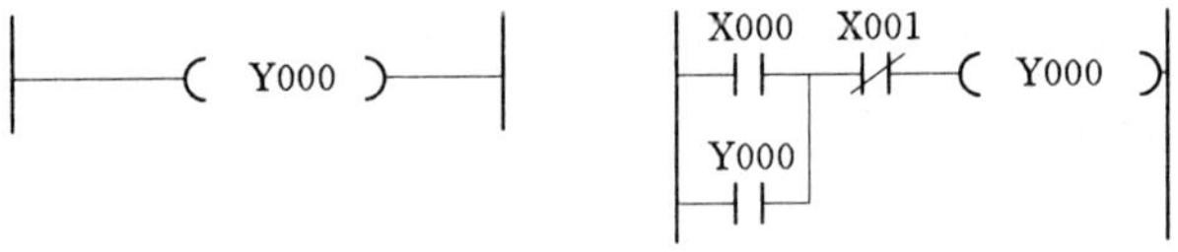

```
    ──( Y000 )──        X000  X001
                        ─┤├──┤╱├──( Y000 )

                        Y000
                        ─┤├─

      (a)不正确                 (b)正确
```

图 1-17 PLC 梯形图中的线圈画法

(4) 梯形图中若有多个线圈输出,这些线圈可并联输出,但不能串联输出,如图 1-18 所示。

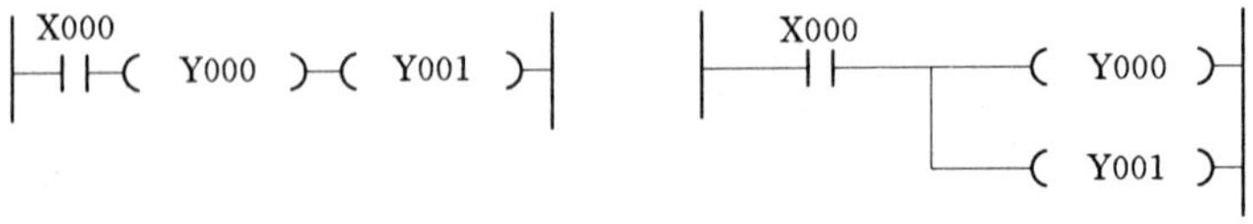

```
    X000                      X000
    ─┤├──( Y000 )──( Y001 )   ─┤├──────( Y000 )

                                  ──( Y001 )

      (a)不正确                      (b)正确
```

图 1-18 多个线圈输出梯形图示例

(5) 同一程序中不能出现"双线圈输出"。所谓双线圈输出是指同一程序中同一编号的线圈使用两次。双线圈输出容易引起误操作,禁止使用,如图 1-19 所示。

(6) 梯形图中触点连接不能出现桥式连接,如图 1-20 所示。

(7) 适当安排编程顺序,以减少程序步数。

1) 串联多的电路应尽量放在上部,如图 1-21 所示。

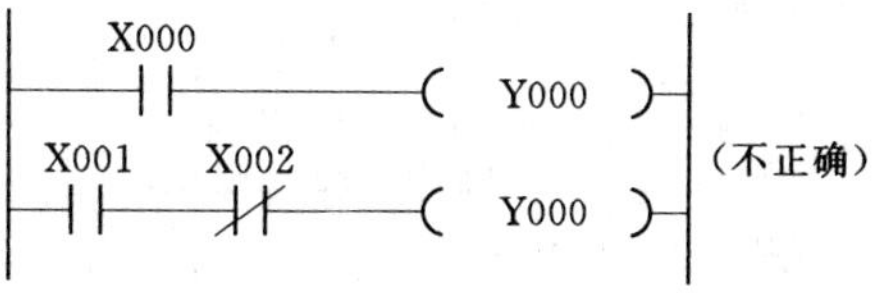

图 1－19 双线圈输出梯形图示例

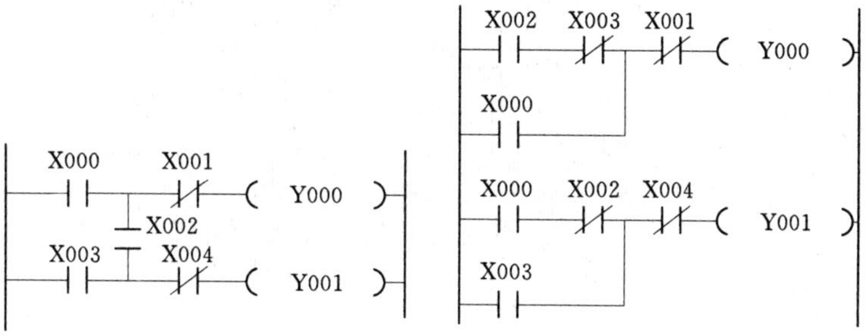

(a)不正确　　(b)正确

图 1－20 触点连接示意图

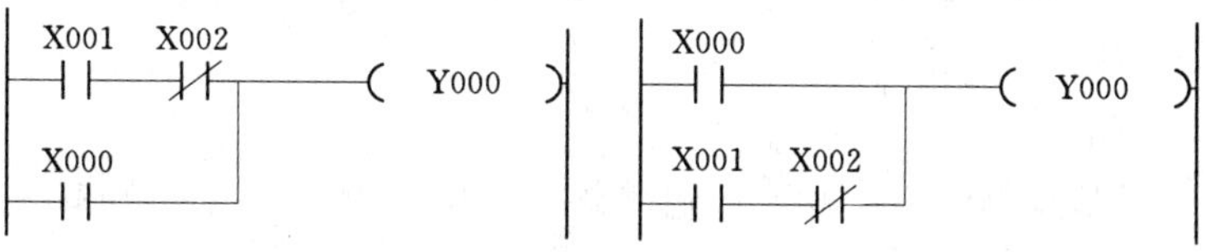

(a)不正确　　(b)正确

图 1－21 串联多的电路示意图

2）并联多的电路应靠近左母线，如图 1－22 所示。

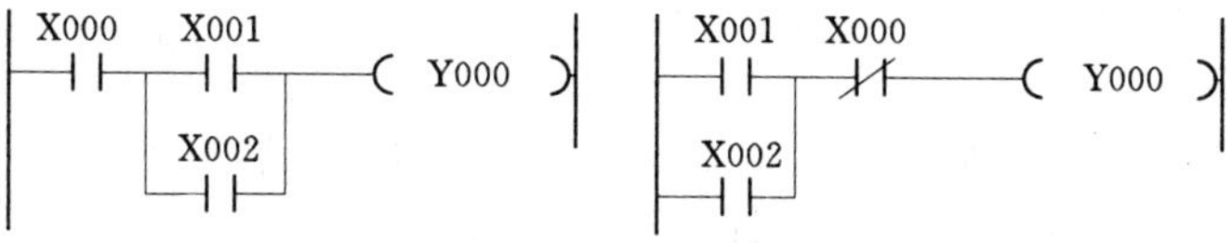

(a)不正确　　(b)正确

图 1－22 并联多的电路示意图

能力检测

用 PLC 控制三相异步电动机反接制动控制电路的设计、安装与调试。

1. 准备要求

设备：两个开关 SB1、SB2，一个速度继电器，一个热继电器，两个接触器 KM1、KM2，一台电动机及其相应的电气元件等。

2. 控制要求

如图 1－23 所示，反接制动是利用改变电动机定子绕组中三相电源相序，使定子绕组中的旋转磁场反向，产生与原有转向相反的电磁转矩——制动力矩，使电动机迅速停转。

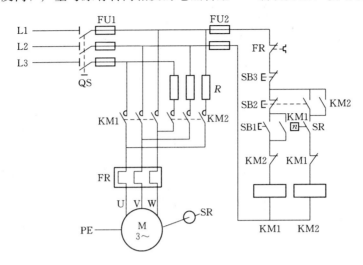

图 1-23　电动机反接制动控制电路

3．考核要求

（1）电路设计。列出 PLC 控制 I/O 接口元件地址分配表，设计梯形图及 PLC 控制 I/O 接线图，根据梯形图列出指令表。

（2）安装与接线。

1）将所用元器件如熔断器、开关、接触器、PLC 等装在一块配线板上。

2）按照 PLC 控制 I/O 接线图在模拟配线板上接线。

（3）程序输入及调试。能操作计算机或编程器，正确地将所编程序输入 PLC，按控制要求进行模拟调试，达到设计要求。

（4）通电试验。正确使用电工工具及万用表，对电路进行仔细检查，以保证通电试验一次成功，并注意人身和设备安全。

4．效果评价

利用 PLC 的理论知识和基本技能，按考核的要求设计或改造 PLC 控制线路，并在备料的基础上进行电路功能元器件的组合和有关技术参数调整。考核要求及评分标准见表 1-10。

表 1-10　　　　　　　　　　　　　　考核要求及评分标准

考核项目	考核要求	配分	评分标准	扣分	得分	备注
电路设计	根据任务，设计主电路图，列出 PLC 控制 I/O（输入/输出）元件地址分配表，根据加工工艺，设计梯形图及 PLC 控制 I/O 口接线图，根据梯形图，列出指令表	15	（1）电路图设计不全或设计有错，每处扣 2 分。 （2）输入输出地址遗漏或有错，每处扣 1 分。 （3）梯形图表达不正确或画法不规范，每处扣 2 分。 （4）接线图表达不正确或画法不规范，每处扣 2 分。 （5）指令有错，每条扣 2 分			

续表

考核项目	考核要求	配分	评分标准	扣分	得分	备注
安装与接线	按 PLC 控制 I/O 口接线图在模拟配线板正确安装，元件在配线板上布置要合理，安装要准确紧固，配线导线要紧固、美观，导线要进入线槽，导线要有端子标号，引出端要有别径压端子	10	（1）元件布置不整齐、不均匀、不合理，每只扣1 分。 （2）元件安装不牢固，安装元件时漏装木螺丝，每只扣 1 分。 （3）损坏元件扣 5 分。 （4）电动机运行正常，但未按电路图接线，扣1 分。 （5）布线不进入线槽，不美观，主电路、控制电路，每根扣 0.5 分。 （6）接点松动、露铜过长、反圈、压绝缘层，标记线号不清楚、遗漏或误标，引出端无别径压端子，每处扣 0.5 分。 （7）损伤导线绝缘或线心，每根扣 0.5 分。 （8）不按 PLC 控制 I/O 接线图接线，每处扣 2 分			
程序输入及调试	熟练操作 PLC 键盘，能正确地将所编程序输入 PLC，按照被控设备的动作要求进行模拟调试，达到设计要求	15	（1）不会熟练操作 PLC 键盘输入指令，扣 2 分。 （2）不会用删除、插入、修改等命令，每项扣2 分。 （3）一次试车不成功扣 4 分；两次试车不成功扣8 分；三次试车不成功扣 10 分			
安全生产	自觉遵守安全文明生产规范		（1）每违反一项规定扣 3 分。 （2）发生安全事故，0 分处理。 （3）漏接接地线一处扣 0.5 分			
时间	240min		提前正确完成，每 5min 加 2 分；超过规定时间，每 5min 扣 2 分			
开始时间：		结束时间：		实际时间：		
合计得分：						

项目二　PLC 顺序控制系统

项目分析

应用程序的设计是 PLC 控制系统设计的核心，要设计好 PLC 的应用程序，首先必须充分了解被控对象的情况，诸如生产工艺、技术特性、工作环境及其对控制的要求等。据此，设计出 PLC 控制系统，包括设计出控制系统图、选出合适的 PLC 型号、确定 PLC 的输入器件和输出执行器、确定接线方式等。为了很好地掌握 PLC 应用程序设计的基本步骤、方法和技巧，本项目分两个任务来进行学习。

项目目标

(1) 能熟练完成设计电路的安装并进行模拟调试。

(2) 能根据所给任务要求，准确设计梯形图及 PLC 控制接线图。

(3) 掌握 PLC 的编程技巧和程序调试方法，掌握步进指令的应用。

(4) 了解应用 PLC 技术解决实际控制问题的全过程。

任务一　PLC 交通信号灯控制

任务描述

城市交通道路十字路口是靠交通指挥信号来维持交通秩序的。在每个方向都有红、黄、绿三种指挥灯，信号灯的动作受开关总体控制，当按下启动按钮，信号灯系统开始工作，并周而复始地循环动作；按下停止按钮开关，系统停止工作。图 2-1 所示为某城市一交通信号灯示意图。

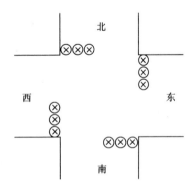

图 2-1　交通信号灯示意图

在系统工作时，控制要求见表 2-1。

具体控制要求如下：

(1) 南北方向绿灯和东西方向绿灯不能同时亮，如果同时亮则应用自动立即关闭信号灯系统，并立即发出报警信号。

(2) 南北红灯亮维持 30s，在此同时东西绿灯也亮，并维持 25s 时间，到 25s 时，东西绿灯闪亮，闪亮 3s 后熄火，在东西绿灯熄灭时，东西黄灯亮并维持 2s。到 2s 时，东西黄灯熄灭，东西红灯亮，同时南北红灯熄灭，南北绿灯亮。

(3) 东西红灯亮维持 30s，在此同时南北绿灯亮维持 25s，然后闪亮 3s 熄灭，接着南北黄灯亮维持 2s 后熄灭，同时南北红灯亮，东西绿灯亮。

表 2 - 1			十字路口交通信号灯控制要求				
南北	信号	红灯亮			绿灯亮	绿灯闪亮	黄灯亮
	时间/s	30			25	3	2
东西	信号	绿灯亮	绿灯闪亮	黄灯亮	红灯亮		
	时间/s	25	3	2	30		

（4）两个方向的信号灯，按上面的要求周而复始地进行工作。

知识链接 步进指令 STL/RET 及编程方法

1. FX2 的状态元件

状态元件是构成状态转移图的基本元素，是可编程控制器的软元件之一。FX2 共有 1000 个状态元件，见表 2 - 2。

表 2 - 2			FX2 的状态元件
类 别	元件编号	个数	用途及特点
初始状态	S0～S9	10	用作 SFC 的初始状态
返回状态	S10～S19	10	多运行模式控制当中，用作返回原点的状态
一般状态	S20～S499	480	用作 SFC 的中间状态
掉电保持状态	S500～S899	400	具有停电保持功能，停电恢复后需继续执行的场合，可用这些状态元件
信号报警状态	S900～S999	100	用作报警元件使用

2. 步进指令、状态转换图及步进梯形图

步进指令是利用状态转换图来设计梯形图的一种指令，状态转换图可以直观地表达工艺流程。状态转换图中的每个状态表示顺序工作的一个操作，因此步进指令常用于控制时间和位移等顺序的操作过程。采用步进指令设计的梯形图不仅简单直观，而且使顺序控制变得比较容易，大大地缩短程序的设计时间。

FX2 系列 PLC 的步进指令有两条：步进接点指令 STL 和步进返回指令 RET。

（1）指令及梯形图表示方法见表 2 - 3。

表 2 - 3			步进指令及梯形图表示方法	
指 令	名 称	功 能	梯形图表示	操作元件
STL	步进开始	步进开始	┤▢▢├	S
RET	返回	步进结束	┤ RST ├	

（2）使用说明。

1）步进接点须与梯形图左母线连接。使用 STL 指令后，LD 或 LDI 指令点则被右移，所以当把 LD 或 LDI 点返回母线时，需要使用步进返回指令 RET。也就是说，凡是以步进接点为主体的程序，最后必须用 RET 指令返回母线。

2）状态继电器只有使用 STL 指令，才具有步进控制功能。这时除了提供步进常开接点外，还可提供普通的常开接点与常闭接点，但 STL 指令只适用于步进接点。

3）只有步进接点接通时，它后面的电路才能动作。如果步进接点断开，其后面的电路将全部不动作。当需保持输出结果时，可利用 SET 指令和 RST 指令来实现。

4）状态继电器主要用做步进状态，也有其他用途。如作为普通辅助继电器用，但它不能再提供 STL 步进接点。

5）步进指令后面可以使用跳转 CJP/EJP 指令，但不能使用主控 MC/MCR 指令。

6）状态继电器的复位。状态继电器均具有断电保护功能，即断电后再次通电，动作从断电时的状态开始。但在某些情况下需要从初姑状态开始执行动作，这时则需要复位所有的状态。此时应利用功能指令实现状态复位操作。

在状态转换图 SFC 中，每一状态提供 3 个功能：驱动负载、指定转换条件、置位新状态，如图 2-2 所示。当状态 S20 有效时，输出继电器 Y001 线圈接通。这时，S21、S22 和 S23 的程序都不执行。当 X001 接通时，新状态置位，状态从 S20 转到 S21，执行 S21 中的程序。这就是步进转换作用，图中 X001 是一个状态转换条件。转到 S21 后，输出 Y002 接通，这时 Y001 复位。其他状态继电器之间的状态转换过程，以此类推。

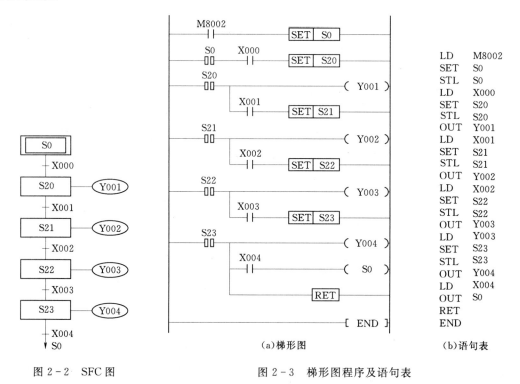

图 2-2　SFC 图　　　　　　　　图 2-3　梯形图程序及语句表

图 2-3 是与图 2-2 相对应的梯形图程序和语句指令表。

任务实施

1. I/O 点分配

根据任务分析，对输入量、输出量进行分配，如表 2 - 4 所示。

表 2 - 4 I/O 地 址 表

输入量（IN）			输出量（OUT）		
元件代号	功能	输入点	元件代号	功能	输出点
SB1	启动按钮	X000	KM1	南北绿灯	Y000
SB2	停止按钮	X001	KM2	南北黄灯	Y001
			KM3	南北红灯	Y002
			KM4	警灯	Y003
			KM5	东西绿灯	Y004
			KM6	东西黄灯	Y005
			KM7	东西红灯	Y006

2. 绘制 PLC 硬件接线图

根据图 2 - 1 所示及 I/O 分配表，绘制 PLC 硬件接线图，如图 2 - 4 所示，以保证硬件接线操作正确。

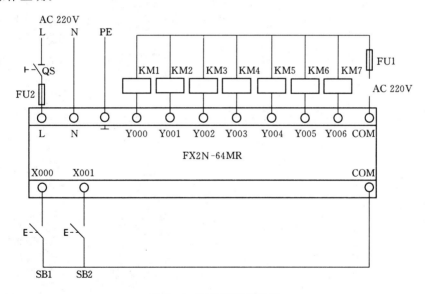

图 2 - 4 PLC 硬件接线图

3. 设计梯形图程序及语句表

（1）采用起保停电路设计程序。其梯形图程序及语句表如图 2 - 5 和图 2 - 6 所示。

（2）采用步进指令设计程序。其 SFC 图、梯形图程序及语句表如图 2 - 7～图 2 - 9 所示。

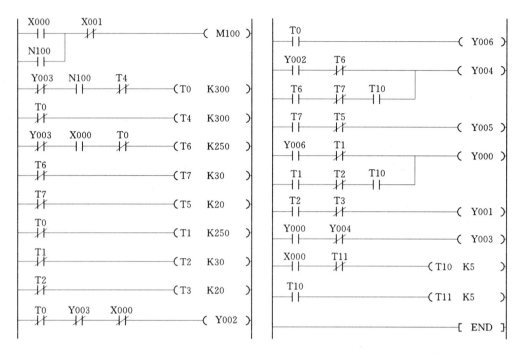

图 2-5 梯形图程序

LD   X000
OR   M100
ANT   X001
OUT   M100
LDI   Y003
AND   M100
ANT   T4
OUT   T0
        K300
LDI   T0
OUT   T4
        K300
LDI   Y003
AND   X000
ANI   T0
OUT   T6
        K250
LDI   T6
OUT   T7
        K30
LDI   T7
LUT   T5
        K20
LDI   T0
OUT   T1
        K250
LDI   T1
OUT   T2
        K30

LDI   T2
OUT   T3
        K20
LDI   T0
ANI   Y003
ANI   Y000
OUT   Y002
LD   T0
OUT   Y006
LD   Y002
ANI   T6
LD   T6
ANI   T7
AND   T10
ORB
OUT   Y004
LD   T7
ANI   T5
OUT   Y005
LD   Y006
ANI   T1
LD   T1
ANI   T2
AND   T10
ORB
OUT   Y000
LD   T2
ANI   T3
OUT   Y001

LD   Y000
ANI   Y004
OUT   Y003
LD   X000
ANI   T11
OUT   T10
        K5
LD   T10
OUT   T11
        K5
END

图 2-6 语句表程序

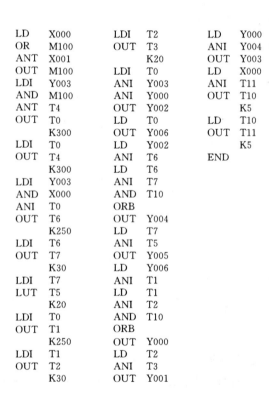

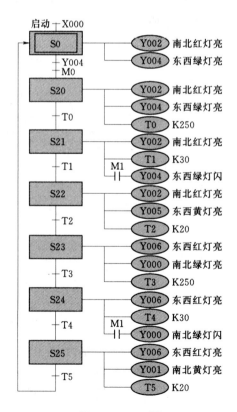

图 2-7 SFC 图

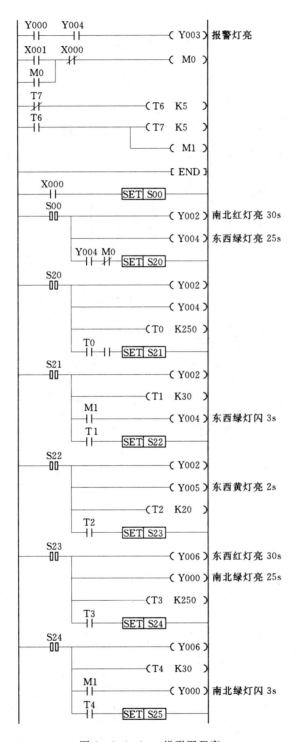

图 2-8（一） 梯形图程序

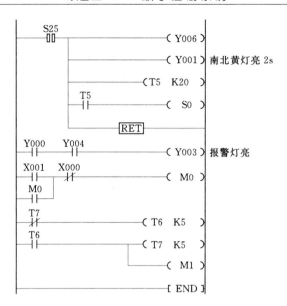

图 2-8（二） 梯形图程序

LD	X000	LD	T3
SET	S00	SET	S24
STL	S00	STL	S24
OUT	Y002	OUT	Y006
OUT	Y004	OUT	T4
LD	Y004		K30
ANI	M0	LD	M1
SET	S20	OUT	Y000
STL	S20	LD	T4
OUT	Y002	SET	S25
OUT	Y004	STL	S25
OUT	T0	OUT	Y006
	K250	OUT	Y001
LD	T0	OUT	T5
SET	S21		K20
STL	S21	LD	T5
OUT	Y002	OUT	S0
OUT	T1	RET	
	K30	LD	Y000
LD	M1	AND	Y004
OUT	Y004	OUT	Y003
LD	T1	LD	X001
SET	S22	OR	M0
STL	S22	ANI	X000
OUT	Y002	OUT	M0
OUT	Y002	LDI	T7
OUT	T2	OUT	T6
	K20		K5
LD	T2	LD	T6
SET	S23	OUT	T7
STL	S23		K5
OUT	Y006	OUT	M1
OUT	Y000	END	
OUT	T3		
	K250		

图 2-9 语句表程序

拓展知识 可编程控制器的特点

1. 功能丰富、灵活通用

PLC的功能很丰富。这主要与它具有丰富的处理信息的指令系统及存储信息的内部器件有关。它的指令多达几十条、几百条，可进行各式各样的逻辑问题的处理，还可进行各种类型数据的运算。它的内部器件，即内存中的数据存储区，种类繁多，容量宏大。I/O继电器，可以用以存储输入、输出点信息，少的几十、几百，多的可达几千、几万，甚至十几万。它的内部种种继电器，相当于中间继电器，数量多。内存中一个位就可作为一个中间继电器，它的计数器、定时器也很多，是继电电路所望尘莫及的。而且，这些内部器件还可设置成掉电保持的，或掉电不保持的，即上电后予以清零的，以满足不同的使用要求。PLC还有丰富的外部设备，可建立友好的人机界面，以进行信息交换。可送入程序，送入数据，可读出程序，读出数据。PLC还具有通信接口，可与计算机连接或联网，与计算机交换信息。自身也可联网，以形成单机所不能有的更大的、地域更广的控制系统。

2. 使用方便、维护简单

用PLC实现对系统的控制是非常方便的。首先PLC控制逻辑的建立是程序，用程序代替硬件接线。更改程序比更改接线要方便得多。其次PLC的硬件是高度集成化的，已集成为种种小型化的模块。而且，这些模块是配套的，已实现了规格化与系列化。种种控制系统所需的模块，PLC厂家多有现货供应，市场上即可购得。所以，硬件系统配置与建造也非常方便。

3. 环境适应性强，可靠性高

用PLC实现对系统的控制是非常可靠的。这是因为PLC在硬件与软件两个方面都采取了很多措施，确保它能可靠工作。它的平均无故障时间可达几万小时以上；出了故障平均修复时间也很短，几小时甚至几分钟即可。

（1）硬件方面。PLC的输入输出电路与内部CPU是电隔离。其信息靠光耦器件或电磁器件传递。而且，CPU板还有抗电磁干扰的屏蔽措施。故可确保PLC程序的运行不受外界的电与磁干扰，能正常工作。PLC使用的元器件多为无触点的，且为高度集成的，数量并不太多，这也为其可靠工作提供了物质基础。在机械结构设计与制造工艺上，为使PLC能安全可靠地工作，也采取了很多措施，可确保PLC耐振动、耐冲击。使用环境温度可高达50多℃，有的PLC可高达80~90℃。有的PLC的模块可热备，一个主机工作，另一个主机也运转，但不参与控制，仅作备份。一旦工作主机出现故障，热备的可自动接替其工作。

（2）软件方面。PLC的工作方式为扫描加中断，这既可保证它能有序地工作，避免继电控制系统常出现的"冒险竞争"，其控制结果总是确定的；而且又能应急处理急于处理的控制，保证了PLC对应急情况的及时响应，使PLC能可靠地工作。为监控PLC运行程序是否正常，PLC系统都设置了"看门狗（Watching dog）"监控程序。运行用户程序开始时，先清"看门狗"定时器，并开始计时。当用户程序一个循环运行完了，则查看定时器的计时值。若超时（一般不超过100ms），则报警。严重超时，还可使PLC停止工作。用户可依报警信号采取相应的应急措施。定时器的计时值若不超时，则重复起始的过程，PLC 将正常工作。显然，有了这个"看门狗"监控程序，可保证 PLC 用户程序的正常运行，可避免出现"死循环"而影响其工作的可靠性。PLC 每次上电后，都要运行自检程序及对系统进行初始化。这是系统程序配置了的，用户可不干预。出现故障时有相应的出错信号提示。

4. 经济性好

使用 PLC 的投资虽大，但它的体积小、所占空间小，辅助设施的投入少；使用时省电，运行费少；工作可靠，停工损失少；维修简单，维修费少；所以在多数情况下，是较经济的。

能力检测

要求用 PLC 控制 2 台电动机顺序执行的设计、安装与调试。

1. 准备要求

设备：2 个开关 SB1、SB2，2 台电动机 M1、M2 及其相应的电气元件等。

2. 控制要求

2 台电动机相互协调运转，其动作要求时序如图 2-10 所示，M1 运转 10s，停止 5s，
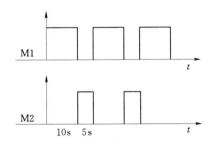
M2 要求与 M1 相反，M1 停止 M2 运行，M1 运行 M2 停止，如此反复动作 3 次，M1 和 M2 均停止。

3. 考核要求

（1）电路设计。列出 PLC 控制 I/O 接口元件地址分配表，设计梯形图及 PLC 控制 I/O 接线图，根据梯形图列出指令表。

（2）安装与接线。

1）将所用元器件如熔断器、开关、电动机、PLC 等装在一块配线板上。

图 2-10　时序电路

2）按照 PLC 控制 I/O 接线图在模拟配线板上接线。

（3）程序输入及调试。能操作计算机或编程器，正确地所编程序输入 PLC，按控制要求进行模拟调试，达到设计要求。

（4）评价标准。考核要求及评分标准见表 2-5。

表 2-5　　　　　　　　　　　　　　考核要求及评分标准

考核项目	考核要求	配分	评分标准	扣分	得分	备注
电路设计	根据任务，设计主电路图，列出 PLC 控制 I/O（输入/输出）元件地址分配表，根据加工工艺、设计梯形图及 PLC 控制 I/O 口接线图，根据梯形图，列出指令表	15	（1）电路图设计不全或设计有错，每处扣 2 分。 （2）输入输出地址遗漏或弄错，每处扣 1 分。 （3）梯形图表达不正确或画法不规范，每处扣 2 分。 （4）接线图表达正确或画法不规范，每处扣 2 分。 （5）指令有错，每条扣 2 分			

续表

考核项目	考核要求	配分	评分标准	扣分	得分	备注
安装与接线	按PLC控制I/O口接线图在模拟配线板正确安装，元件在配线板上布置要合理，安装要准确紧固，配线导线要紧固、美观，导线要进入线槽，导线要有端子标号，引出端要有别径压端子	15	（1）元件布置不整齐、不均匀、不合理，每只扣1分。 （2）元件安装不牢固，安装元件时漏装木螺丝，每只扣1分。 （3）损坏元件扣5分。 （4）电动机运行正常，但未按电路图接线，扣1分。 （5）布线不进入线槽，不美观，主电路、控制电路每根扣0.5分。 （6）接点松动、露铜过长、反圈、压绝缘层，标记线号不清楚、遗漏或误标，引出端无别径压端子，每处扣0.5分。 （7）损伤导线绝缘或线心，每根扣0.5分。 （8）不按PLC控制I/O接线图接线，每处扣2分			
程序输入及调试	熟练操作PLC键盘，能正确地将所编程序输入PLC，按照被控设备的动作要求进行模拟调试，达到设计要求	55	（1）不会熟练操作PLC键盘输入指令，扣2分。 （2）不会用删除、插入、修改等命令，每项扣2分。 （3）一次试车不成功扣4分；两次试车不成功扣8分；三次试车不成功扣10分			
安全生产	自觉遵守安全文明生产规范	15	（1）每违反一项规定扣3分。 （2）发生安全事故，0分处理。 （3）漏接接地线一处扣0.5分			
时间	100min		提前正确完成，每5min加2分；超过规定时间，每5min扣2分			
开始时间：		结束时间：		实际时间：		
合计得分：						

任务二　PLC机械手动作模拟控制

任务描述

机械手功能为一个将工件由 *A* 处传送到 *B* 处，上升/下降和左移/右移的执行用双线圈二位电磁阀推动气缸完成。当某个电磁阀线圈通电，就一直保持现有的机械动作，一旦下降的电磁阀线圈通电，机械手下降，即使线圈再断电，仍保持现有的下降动作状态，直到相反方向的线圈通电为止。另外，夹紧/放松由单线圈二位电磁阀推动气缸完成，线圈通电执行夹紧动作，线圈断电时执行放松动作。设备装有上、下限位和左、右限位开关，它的工作过程如图 2-11 所示，有八个动作，即 SD、ST 分别为启动、停止按钮，SQ1、SQ2、SQ3、SQ4 分别为下、上、右、左限位开关，模拟真实机械手的限位传感器。QV1、QV2、QV3、QV4、QV5 分别模拟下降、夹紧、上升、右行、左行电磁阀。HL 为原位指示灯，当上、左限位开关闭合且机械手不动作时点亮。

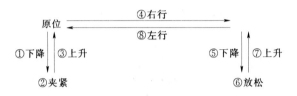

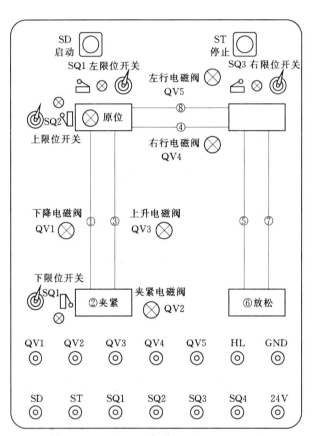

图 2-11 机械手动作模拟控制工作过程

根据机械手动作过程分析，显然工作期间可以分为 8 步，分别用状态继电器 S20～S27 代表这 8 步，用 S0 代表等待启动的初始步。

下面进行工艺过程分析。

当机械手处于原位时，上升限位开关 X002、左限位开关 X004 均处于接通（"1"状态），使 S0 置"1"，Y005 线圈接通，原位指示灯亮。

按下启动按钮，S20 置"1"，S0 的"1"态移至 S20，下降阀输出继电器 Y000 接通，执行下降动作，由于上升限位开关 X002 断开，S0 置"0"，原位指示灯灭。

当下降到位时，下限位开关 X001 接通，S0 的"0"态移位到 S20，下降阀 Y000 断开，机械手停止下降，S20 的"1"态移到 S21，夹紧电磁阀 Y001 接通，执行夹紧动作，同时启动定时器 T0，延时 1s。

机械手夹紧工件后，T0 动合触点接通，使 S22 置"1"，"0"态移位至 S21，上升电磁阀 Y002 接通，X001 断开，执行上升动作。由于使用 SET 指令，具有自保持功能，Y001 保持接通，机械手继续夹紧工件。

当上升到位时，上限位开关 X002 接通，"0"态移位至 S22，Y002 线圈断开，不再上升，同时移位信号使 S23 置"1"，X004 断开，右移阀继电器 Y003 接通，执行右移动作。

待移至右限位开关动作位置，X003 动合触点接通，使 S22 的"0"态移位到 S23，Y003 线圈断开，停止右移，同时 S23 的"1"态已移到 S24，Y000 线圈再次接通，执行下降动作。

当下降到使 X001 动合触点接通位置，"0"态移至 S24，"1"态移至 S25，Y000 线圈断开，停止下降，RST 指令复位，使 Y001 线圈断开，机械手松开工件；同时 T1 启动延时 1s，T1 动合触点接通，使 S25 变为"0"态，S26 为"1"态，Y002 线圈再度接通，X001 断开，机械手又上升，行至上限位置，X002 触点接通，S26 变为"0"态，S27 为"1"态，Y002 线圈断开，停止上升，Y004 线圈接通，X003 断开，左移。

到达左限位开关位置，X004 触点接通，S27 变为"0"态，S0 又被置"1"，Y004 线圈断开，机械手回到原位，X002、X004 均接通，完成一个工作周期。

再次按下启动按钮，将重复上述动作。

知识链接　SFC 图的跳转与分支

1. SFC 图的跳转

SFC 图的跳转如图 2-12 所示，有以下几种形式。

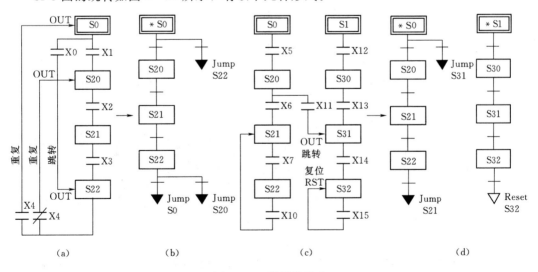

图 2-12　跳转的形式

（1）向下跳：跳过相邻的状态步，到下面的状态步，如图 2-12（a）所示，当转移条件 X0＝1 时，从 S0 状态步跳到 S22 状态步。

（2）向上跳：跳回到上面的状态步（也叫重复），如图 2-12（a）所示，当转移条件 X4＝1 时，从 S22 状态步跳回到 S0 状态步，当转移条件 X4＝0 时，从 S22 跳回到 S20 状态步。

（3）跳向另一条分支：如图 2-12（c）所示，当转移条件 X11＝1 时，从 S20 状态步跳到另一条分支的 S31 状态步。

（4）复位：如图 2-12（c）所示，当转移条件 X15＝1 时，使本状态步 S32 复位。

在编程软件中，SFC 图的跳转用箭头表示，如图 2-12（b）、（d）所示。

2. SFC 图的分支

状态转移（SFC）图可分为单分支、选择分支、并行分支和混合分支。

（1）单分支是最常用的一种形式，前面所讲的实例用的都是单分支状态转移图。

（2）选择分支如图 2-13（a）所示，在选择分支状态转移图中，有多个分支，只能选择其中的一条分支。如 X2＝1 时，选择左分支 S23，如 X2＝0 时，选择右分支 S26。

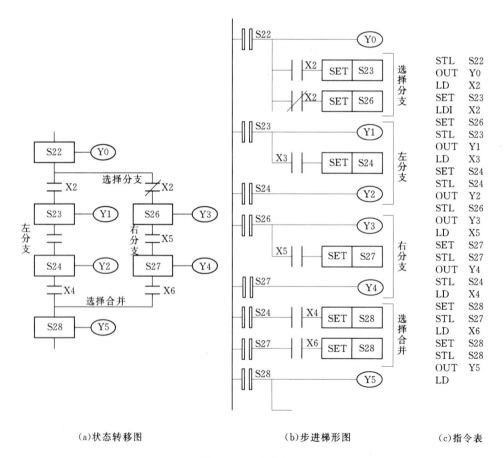

（a）状态转移图　　　　　（b）步进梯形图　　　　（c）指令表

图 2-13　选择分支

（3）并行分支如图 2-14（a）所示，在并行分支状态转移图中，有多个分支，当满足转移条件 X2 时，所有并行分支 S23、S26 同时置位，在并行合并处所有并行分支 S24、S27 同时置位时，当转移条件 X5＝1 时转移到 S28 状态步。

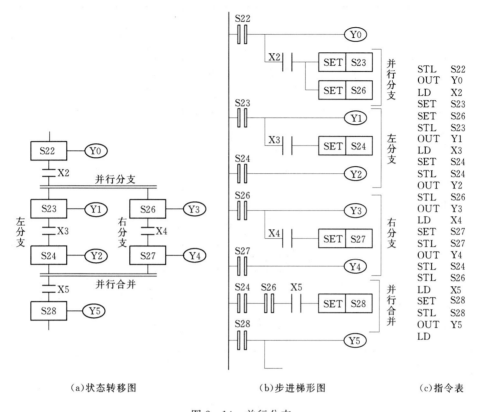

（a）状态转移图　　　　　（b）步进梯形图　　　　　（c）指令表

图 2-14　并行分支

任务实施

1. I/O 点分配

根据任务分析，对输入量、输出量进行分配，见表 2-6。

表 2-6　　　　　　　　　　　输入/输出地址分配表

输	入	输	出
SD	X0	QV1	Y0
ST	X5	QV2	Y1
SQ1	X1	QV3	Y2
SQ2	X2	QV4	Y3
SQ3	X3	QV5	Y4
SQ4	X4	HL	Y5

2. 编制梯形图并写出语句表程序

采用步进指令设计程序，其语句表见表 2-7，梯形图如图 2-15 所示。

表 2-7　　　　　　　　　　　　语 句 表 程 序

步 序	指 令	器件号	说 明	步 序	指 令	器件号	说 明
1	LD	M8002		27	LD	X1	到达限位
2	SET	S0	初始步	28	SET	S25	
3	STL	S0		29	STL	S25	
4	RST	Y1	复位夹紧	30	RST	Y1	松开
5	LD	X0	启动	31	OUT	T1	
6	SET	S20		32		K10	
7	STL	S20		33	LD	T1	
8	OUT	Y0	下降	34	SET	S26	
9	LD	X1	到达限位	35	STL	S26	
10	SET	S21		36	OUT	Y2	
11	STL	S21		37	LD	X2	到达限位
12	SET	Y1	夹紧	38	SET	S27	
13	OUT	T0		39	STL	S27	
14		K10		40	OUT	Y4	左行
15	LD	T0		41	LD	X4	到达限位
16	SET	S22		42	SET	S0	
17	STL	S22		43	RET		
18	OUT	Y2	上升	44	LD	X2	到达限位
19	LD	X4	到达限位	45	AND	X4	到达限位
20	SET	S23		46	OUT	Y5	
21	STL	S23		47	LD	X5	停止
22	OUT	Y3	右行	48	ZRST	S20	
23	LD	X3	到达限位	49		S27	
24	SET	S24		50	SET	S0	
25	STL	S24			END		结束
26	OUT	Y0	下降				

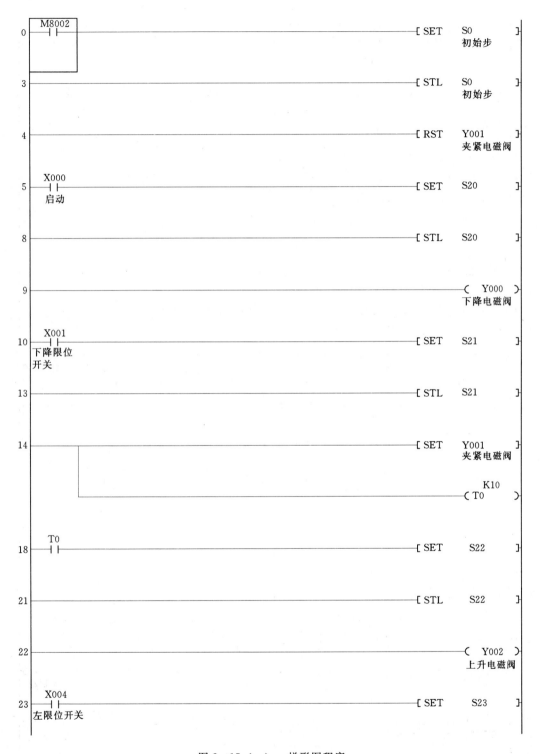

图 2-15（一）　梯形图程序

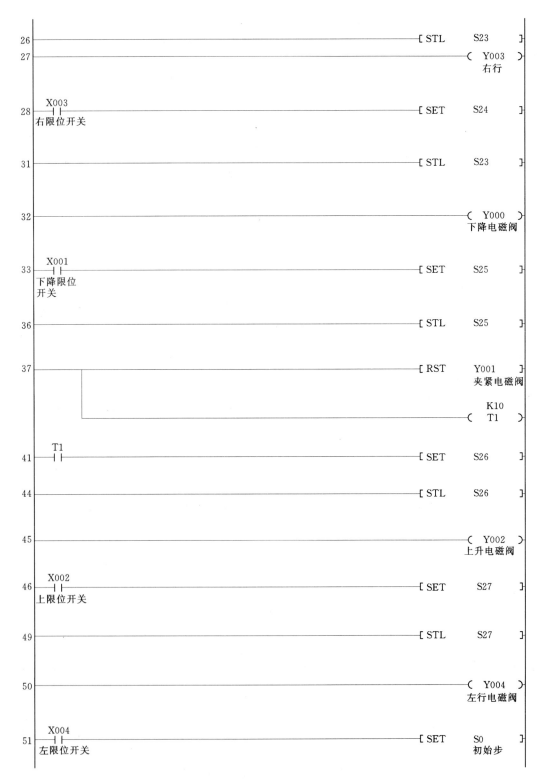

图 2 - 15 （二） 梯形图程序

图 2－15（三）　梯形图程序

3.PLC 硬件接线

如图 2－16 所示，机械手动作模拟的 YV1、YV2、YV3、YV4、YV5、HL 分别接主机的输出点 Y0、Y1、Y2、Y3、Y4、Y5；机械手动作模拟的 SB1、SB2 分别接主机的输入点 X0、X5；机械手动作模拟的 SQ1、SQ2、SQ3、SQ4 分别接主机的输入点 X1、X2、X3、X4。

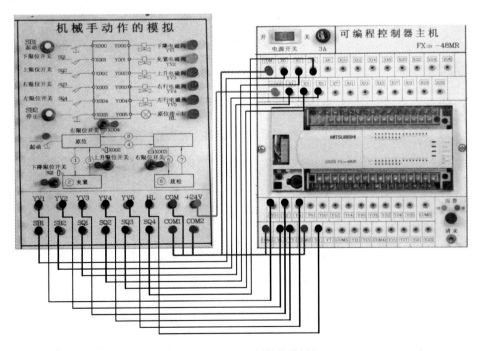

图 2－16　PLC 硬件接线图

4. 下载程序进行调试

通过专用电缆连接计算机与 PLC 主机，下载程序。将 PLC 主机上的 STOP/RUN 按钮拨到 RUN 位置，运行指示灯点亮，表明程序开始运行。

启动、停止用动断按钮实现，限位开关用钮子开关模拟，电磁阀和原位指示灯用发光二极管模拟。

根据工艺过程对上述程序进行调试，观察 PLC 程序是否能满足工艺要求。

拓展知识　GX Simulator6 - C 仿真软件的基本操作

1. 启动 GX Developer

单击"开始"→"所有程序"→"MELSOFT 应用程序"→" GX Developer"，打开 GX Developer 编程软件（图 2 - 17）。

图 2 - 17　启动 GX Developer

2. 创建新工程

单击主菜单栏中的"工程"→"创建新工程"，打开"创建新工程"对话框（图 2 - 18），选择 PLC 系列、类型，程序类型，设置工程名。

图 2 - 18　"创建新工程"对话框

3. 编写梯形图

编写一个梯形图，如图 2 - 19 所示。

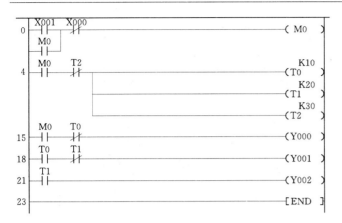

图 2-19　编写梯形图

图 2-20　通过主菜单栏启动仿真

4. 启动仿真模拟 PLC 写入过程

（1）启动仿真。

1）通过主菜单栏上的"工具"启动仿真（图 2-20）。

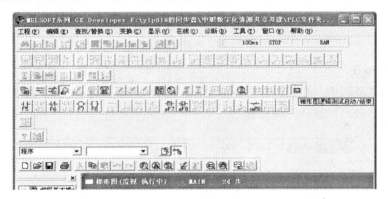

图 2-21　通过工具栏启动仿真

2）通过工具栏中 ▣ 的按钮启动仿真（图 2-21）。

（2）模拟 PLC 写入过程。

1）启动仿真后，弹出 GX Simulator6-C 初始画面（图 2-22）。

图 2-22　初始画面

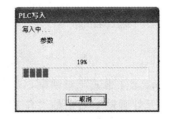

图 2-23　模拟 PLC 写入

2）程序开始在电脑上模拟 PLC 写入过程（图 2-23）。

（3）程序开始运行（图 2-24）。

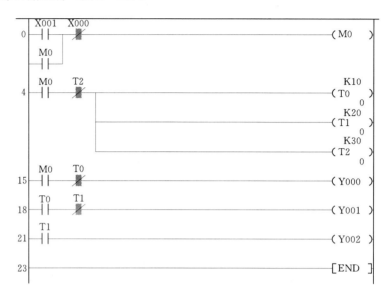

图 2-24 程序开始运行

5. 软元件测试

（1）单击工具栏中"在线（O）"→"调试（B）"→"软元件测试（D）"（图 2-25）或者直接点击"软元件测试"快捷键。

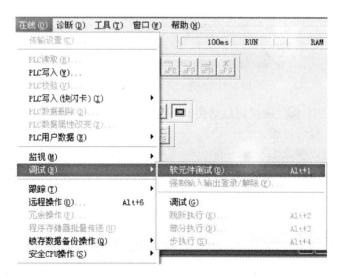

图 2-25 选择"软元件测试"下拉菜单

（2）弹出"软元件测试"对话框，如图 2-26 所示。

（3）在"软元件测试"对话框"位软元件"栏中输入要强制的位元件。如 X0，需要把该元件置 ON，就点击"强制 ON"按钮，如需要把该元件置 OFF，就点击"强制

OFF"按钮。同时"执行结果"栏中显示被强制的状态，如图2-27所示。

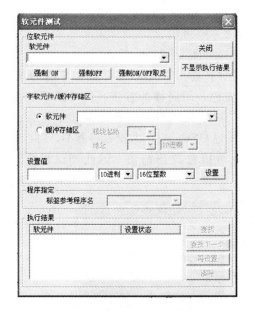

图2-26 "软元件测试"对话框

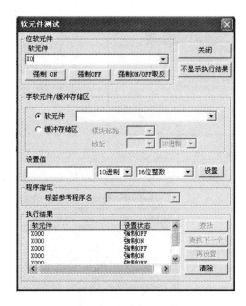

图2-27 强制软元件

（4）梯形图监视执行（图2-28）。接通的触点和线圈都用蓝色表示，同时可以看到字元件的数据在变化。

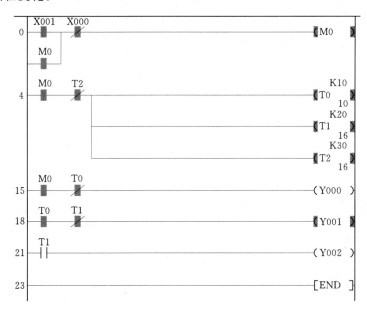

图2-28 梯形图监视执行

6. 各位元件的监控和时序图监控

（1）位元件监控。

1）单击GX Simulator6-C初始画面的"菜单起动S"→"继电器内存监视（D）"下

图 2-29 "继电器内存监视"下拉菜单

拉菜单,如图 2-29 所示。

2)在弹出的窗口中,单击"软元件 D"→"位元件窗口(B)"→"Y",如图 2-30 所示。

3)弹出"Y"窗口(图 2-31)。

如图即可监视到所有输出 Y 的状态,置 ON 的为黄色,处于 OFF 状态的不变色。用同样的方法,可以监视到 PLC 内所有元件的状态,对于位元件,用鼠标双击,可以强置 ON,再双击,可以强置 OFF,对于数据寄存器 D,可以直接置数。对于 T、C 也可以修改当前值,因此调试程序非常方便。

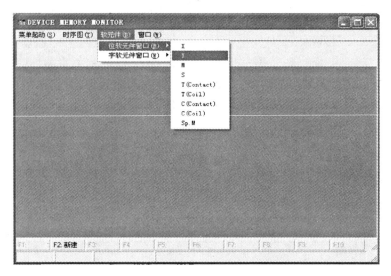

图 2-30 "位元件窗口"下拉菜单

Y 0000-0237									
0000	0020	0040	0060	0100	0120	0140	0160	0200	0220
0001	0021	0041	0061	0101	0121	0141	0161	0201	0221
0002	0022	0042	0062	0102	0122	0142	0162	0202	0222
0003	0023	0043	0063	0103	0123	0143	0163	0203	0223
0004	0024	0044	0064	0104	0124	0144	0164	0204	0224
0005	0025	0045	0065	0105	0125	0145	0165	0205	0225
0006	0026	0046	0066	0106	0126	0146	0166	0206	0226
0007	0027	0047	0067	0107	0127	0147	0167	0207	0227
0010	0030	0050	0070	0110	0130	0150	0170	0210	0230
0011	0031	0051	0071	0111	0131	0151	0171	0211	0231
0012	0032	0052	0072	0112	0132	0152	0172	0212	0232
0013	0033	0053	0073	0113	0133	0153	0173	0213	0233
0014	0034	0054	0074	0114	0134	0154	0174	0214	0234
0015	0035	0055	0075	0115	0135	0155	0175	0215	0235
0016	0036	0056	0076	0116	0136	0156	0176	0216	0236
0017	0037	0057	0077	0117	0137	0157	0177	0217	0237

图 2-31 "Y"窗口

（2）时序图监控。

1）单击 GX Simulator6 - C 初始画面的"菜单启动 S"→"时序图（T)"→"起动（R)"下拉菜单（图 2 - 32）。

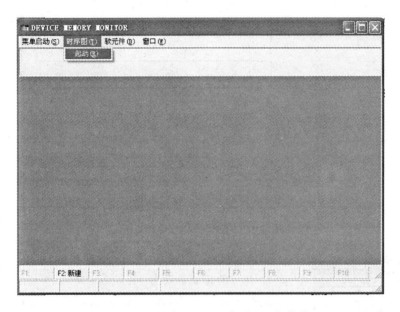

图 2 - 32　"时序图"→"起动"下拉菜单

2）出现"时序图监控"窗口（图 2 - 33）。

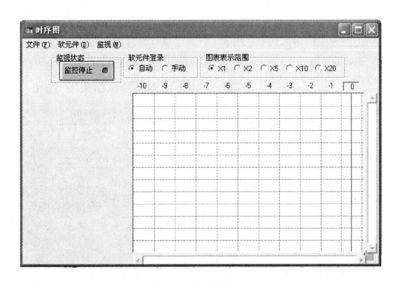

图 2 - 33　时序图监控停止窗口

3）在"时序图监控"窗口中单击"监控停止"按钮，开始监控，如图 2 - 34 所示。

图 2-34 时序图正在监控窗口

可以看到程序中各元件的变化时序图。

7. PLC 的停止和运行

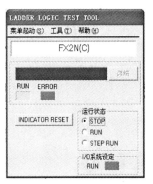

图 2-35 PLC 初始画面
"运行状态"窗口

选择 GX Simulator6 - C 初始画面"运行状态"下的"STOP",PLC 就停止运行,再选择"RUN",PLC 又运行,如图 2-35 所示。

8. 退出 PLC 仿真运行

在对程序仿真测试时,通常需要对程序进行修改,这时要退出 PLC 仿真运行,重新对程序进行编辑修改。退出方法如下:

(1) 先单击"仿真窗口"中的"STOP",然后单击"工具"中的 ▣ ("梯形图逻辑测试结束")按钮(图 2-36)。

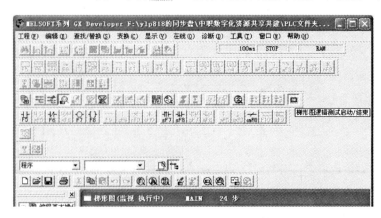

图 2-36 "梯形图逻辑测试结束"按钮

（2）单击"确定"按钮即可退出仿真运行（图2-37）。但此时的光标还是蓝块，程序处于监控状态，不能对程序进行编辑，所以需要点击快捷图标"写入状态"，光标变成方框，即可对程序进行编辑。

能力检测

图2-37　退出PLC仿真
运行对话框

请实现液体自动混合装置的控制。

1. 控制要求

如图2-38所示，为两种液体自动混合搅拌控制系统示意图，SL1、SL2、SL3为液面传感器，液面淹没时接通，液体A、B流量阀与混合液流量阀由电磁阀YV1、YV2、YV3控制，M为搅拌电动机。具体控制要求如下。

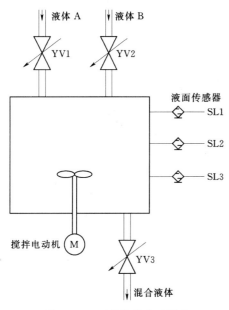

图2-38　两种液体自动混合
搅拌控制系统示意图

（1）初始状态。容器为空时，YV1、YV2、YV3均为OFF，液面传感器SL1、SL2、SL3均为OFF，搅拌电动机M为OFF。

（2）启动运行。按下启动按钮SB1，系统控制要求如下：

1）液体A阀门打开，液体A流入容器，当液面到达SL2时，SL2接通，关闭液体A阀门，打开液体B阀门。

2）当液面到达SL1时关闭液体B阀门，搅拌电动机M开始搅拌。

3）搅拌电动机工作1min后停止，混合液体阀门打开，开始放出混合液体。

4）当液面下降到SL3时，SL3由接通变为断开，再过20s后，容器放空，混合液阀门关闭，开始下一周期。

（3）停止操作。按下停止按钮SB2，系统完成当前工作周期后停在初始状态。

2. 考核要求

（1）电路设计。列出PLC控制I/O接口元件地址分配表，设计梯形图及PLC控制I/O接线图，根据梯形图列出指令表。

（2）安装与接线。

1）将所用元器件如熔断器、开关、接触器、PLC等装在一块配线板上。

2）按照PLC控制I/O接线图在模拟配线板上接线。

（3）程序输入及调试。能操作计算机或编程器，正确地将所编程序输入PLC，按控制要求进行模拟调试，达到设计要求。

（4）通电试验。正确使用电工工具及万用表，对电路进行仔细检查，以保证通电试验一次成功，并注意人身和设备安全。

3. 效果评价

利用PLC的理论知识和基本技能，按考核的要求设计或改造PLC控制线路，并在备料的基础上进行电路功能元器件的组合和有关技术参数调整的过程。考核要求及评分标准见表2-8。

表2-8 考核要求及评分标准

考核项目	考核要求	配分	评分标准	扣分	得分	备注
电路设计	根据任务，设计主电路图，列出PLC控制I/O（输入/输出）元件地址分配表，根据加工工艺，设计梯形图及PLC控制I/O口接线图，根据梯形图，列出指令表	15	（1）电路图设计不全或设计有错，每处扣2分。 （2）输入输出地址遗漏或搞错，每处扣1分。 （3）梯形图表达不正确或画法不规范，每处扣2分。 （4）接线图表达正确或画法不规范，每处扣2分。 （5）指令有错，每条扣2分			
安装与接线	按PLC控制I/O口接线图在模拟配线板正确安装，元件在配线板上布置要合理，安装要准确紧固，配线导线要紧固、美观，导线要进入线槽，导线要有端子标号，引出端要有别径压端子	10	（1）元件布置不整齐、不均匀、不合理，每只扣1分。 （2）元件安装不牢固，安装元件时漏装木螺丝，每只扣1分。 （3）损坏元件扣5分。 （4）电动机运行正常，但未按电路图接线，扣1分。 （5）布线不进入线槽，不美观，主电路、控制电路每根扣0.5分。 （6）接点松动、露铜过长、反圈、压绝缘层，标记线号不清楚、遗漏或误标，引出端无别径压端子，每处扣0.5分。 （7）损伤导线绝缘或线心，每根扣0.5分。 （8）不按PLC控制I/O接线图接线，每处扣2分			
程序输入及调试	熟练操作PLC键盘，能正确地将所编程序输入PLC，按照被控设备的动作要求进行模拟调试，达到设计要求	15	（1）不会熟练操作PLC键盘输入指令，扣2分。 （2）不会用删除、插入、修改等命令，每项扣2分。 （3）一次试车不成功扣4分；两次试车不成功扣8分；三次试车不成功扣10分			
安全生产	自觉遵守安全文明生产规范		（1）每违反一项规定扣3分。 （2）发生安全事故，0分处理。 （3）漏接接地线一处扣0.5分			
时间	240min		提前正确完成，每5min加2分；超过规定时间，每5min扣2分			
开始时间：		结束时间：		实际时间：		
合计得分：						

项目三　PLC 定位控制系统

项目分析

定位控制系统是一门有关如何对物体位置和速度进行精密控制的技术，典型的定位控制系统由三部分组成：控制部分、驱动部分和执行部分。本项目主要介绍 PLC 定位控制系统里的步进驱动控制和交流伺服控制。

项目目标

掌握步进电机的工作原理；学习运动小车装置涉及的步进电机的速度和位置控制方法。掌握伺服电机及驱动器工作原理；学习机电一体化控制实训系统里面涉及的伺服电机的速度和位置控制方法。

任务一　PLC 步进驱动控制

任务描述

运动小车是由步进电机驱动的，通过步进电机和控制器、位置反馈装置等构成一个运动小车闭环位置控制系统。

运动小车装置的外观如图 3-1 所示，该装置由运动小车、光栅尺、丝杠、位置检测传感器、步进电机和开关电源等组成。由 PLC 发出相应的高速脉冲串给步进电机驱动器，

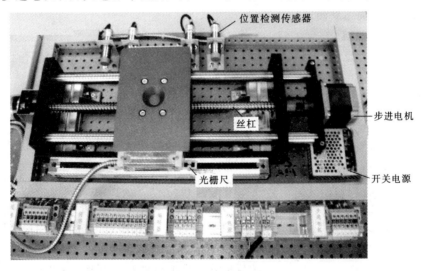

图 3-1　运动小车装置

从而驱动步进电机进行运动。该装置可以完成基于 PLC 与步进电机的小车自动往返控制（包括步进电机正反转控制和运动小车自动往返控制）和基于 PLC 与步进电机的位置闭环控制。而本项目主要介绍运动小车的位置闭环控制，下面讲述具体的控制任务。

　　用 PLC 的 Q0.0 向步进电机发出高速脉冲串，步进电机驱动器驱动步进电机带动小车运行。小车运行轨迹上安装有位移检测的 KA - 300 光栅尺，在轨道上安装有左、右限位开关和原点开关，从原点至右行程限位开关距离小于光栅尺的测量距离。编程实现以下功能：

　　（1）按下回原点按钮，小车运行至原点后停止，此时小车所处的位置坐标为 0。系统启动运行时，首先必须找一次原点位置。

　　（2）当小车碰到左限位或右限位开关动作时，小车应立即停止。

　　（3）设定 A 位置对应坐标值。按下启动按钮，小车自动运行到 A 点位置后停止 5s，再自动返回到原点位置结束，运行过程中若按停止按钮则小车立即停止，运行过程结束。

　　（4）用光栅尺来检测小车位置。

　　（5）设小车的有效运行轨道为 200mm，原点位置坐标为 0 点。

知识链接

一、步进电机和步进驱动器

（一）步进电机

　　步进电动机是一种将数字脉冲信号转换成机械角位移或者线位移的数模转换元件。步进电机是数字控制电机，它区别于其他类型的控制电机的最大特点是：通过输入脉冲信号来进行控制，即电机的总转动角度由输入脉冲数决定，而电机的转速由脉冲信号频率决定。当步进驱动器接收到一个脉冲信号，便驱动步进电机按设定的方向转动一个固定的角度（称为"步距角"）。其旋转是以固定的角度一步一步运行的，可以通过控制脉冲个数来控制角位移量，从而达到准确定位的目的；同时可以通过控制脉冲频率来控制电机转动的速度和加速度，从而达到调速的目的。

　　1. 步进电机的分类

　　步进电机可分为反应式步进电机（VR）、永磁式步进电机（PM）和混合式步进电机（HB）。

　　（1）反应式步进电机。一般为三相，可实现大转矩输出，步进角一般为 1.5°，但噪声和振动都很大。

　　（2）永磁式步进电机。一般为两相，转矩和体积较小，步进角一般为 7.5°或 15°。

　　（3）混合式步进电机是指混合了永磁式和反应式的优点，它又分为两相和五相。两相步进角一般分为 1.8°而五相步进角一般为 0.72°，这种步进电机的应用最为广泛。

　　2. 三相反应式步进电机的结构

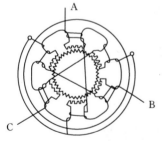

图 3 - 2　三相反应式步进电机的结构图

　　三相反应式步进电机的结构如图 3 - 2 所示。定子、转子是用硅钢片或其他软磁材料制成的。定子的每对极上都绕有一对绕组，构成一相绕组，共三相称为 A、B、C 相。

在定子磁极和转子上都开有齿分度相同的小齿，采用适当的齿数配合，当 A 相磁极的小齿与转子小齿一一对应时，B 相磁极的小齿与转子小齿相互错开 1/3 齿距，C 相则错开 2/3 齿距，如图 3-3 所示。

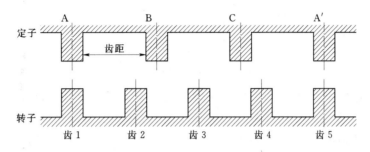

图 3-3 A 相通电定转子错开示意图

电机的位置和速度与绕组通电次数（脉冲数）和频率成一一对应关系，而方向由绕组通电的顺序决定。

3. 步进电机的基本参数

（1）电机固有步距角。表示控制系统每发一个步进脉冲信号，电机所转动的角度。电机出厂时给出了一个步距角的值，这个步距角可以称之为"电机固有步距角"，它不一定是电机实际工作时的真正步距角，真正的步距角和驱动器有关。

（2）步进电机的相数。指电机内部的线圈组数，目前常用的有二相、三相、四相、五相步进电机。电机相数不同，其步距角也不同，一般二相电机的步距角为 0.9°/1.8°，三相的为 0.75°/1.5°，五相的为 0.36°/0.72°。在没有细分驱动器时，用户主要靠选择不同相数的步进电机来满足自己步距角的要求。如果使用细分驱动器，则"相数"将变得没有意义，用户只需在驱动器上改变细分数，就可以改变步距角。

（3）保持转矩。指步进电机通电但没有转动时，定子锁住转子的力矩。它是步进电机最重要的参数之一，通常步进电机在低速时的力矩接近保持转矩。由于步进电机的输出力矩随速度的增大而不断衰减，输出功率也随速度的增大而变化，所以保持转矩就成为了衡量步进电机最重要的参数之一。比如，当人们说 2N·m 的步进电机，在没有特殊说明的情况下是指保持转矩为 2N·m 的步进电机。

（4）钳制转矩。指步进电机没有通电的情况下，定子锁住转子的力矩。由于反应式步进电机的转子不是永磁材料，所以它没有钳制转矩。

4. 电机细分驱动的基本理论依据和旋转的物理条件

电机转子均匀分布着很多小齿，定子齿有三个励磁绕组，其几何轴线依次分别与转子齿轴线错开。0τ、$1/3\tau$、$2/3\tau$（相邻两转子齿轴线间的距离为齿距以 τ 表示），即 A 与齿 1 相对齐，B 与齿 2 向右错开 $1/3\tau$，C 与齿 3 向右错开 $2/3\tau$，A′与齿 5 相对齐，（A′就是 A，齿 5 就是齿 1）如图 3-4 所示。

三相如 A 相通电，B、C 相不通电时，由于磁场作用，齿 1 与 A 对齐，（转子不受任何力，以下均同）。如 B 相通电，A、C 相不通电时，齿 2 应与 B 对齐，此时转子向右移

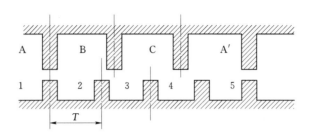

图 3-4 定转子的展开图

过 1/3τ，此时齿 3 与 C 偏移为 1/3τ，齿 4 与 A 偏移（τ—1/3τ）＝2/3τ。如 C 相通电，A、B 相不通电，齿 3 应与 C 对齐，此时转子又向右移过 1/3τ，此时齿 4 与 A 偏移为 1/3τ 对齐。如 A 相通电，B、C 相不通电，齿 4 与 A 对齐，转子又向右移过 1/3τ 这样经过 A、B、C、A 分别通电状态，齿 4（齿 1 前一齿）移到 A 相，电机转子向右转过一个齿距，如果不断地按 A、B、C、A…通电，电机就每步（每脉冲）1/3τ，向右旋转。如按 A、C、B、A…通电，电机就反转。

由此可见，电机的位置和速度与导电次数（脉冲数）和频率成一一对应关系。而方向由导电顺序决定。不过，出于对力矩、平稳、噪音及减少角度等方面考虑。往往采用 A—AB—B—BC—C—CA—A 这种导电状态，所以本设计采用三相六拍。这样将原来每步 1/3τ 改变为 1/6τ。其至于通过二相电流不同的组合，使其 1/3τ 变为 1/12τ，1/24τ，这就是电机细分驱动的基本理论依据。

不难推出：电机定子上有 m 相励磁绕组，其轴线分别与转子齿轴线偏移 1/m，2/m，…（m−1）/m，1。并且导电按一定的相序电机就能正反转被控制——这是步进电机旋转的物理条件。理论上只要符合这一条件，就可以制造任何相的步进电机，出于成本等多方面考虑，市场上一般以二、三、四、五相为多。

（二）步进电机驱动器

步进电机的运行要有一电子装置驱动，这种装置就是步进电机驱动器。它是把系统发出的脉冲信号，加以放大以驱动步进电机。步进电机的转速与脉冲信号的频率成正比，控制步进电机脉冲信号的频率，可以对电机精确调速；控制步进脉冲个数，可以对电机精确定位。

本系统中采用两相混合式步进电机驱动器 YKA2404MC 细分驱动器，其外形如图 3-5 所示。

步进电机驱动器的端子与接线图如图 3-6 所示。

图 3-6 各端子的说明见表 3-1。

步进电机驱动器 YKA2404MC 细分设定见表 3-2。YKA2404MC 步进电机驱动器共有 6 个细分设定开关如图 3-7 所示。

图 3-5 YKA2404MC
细分驱动器外形图

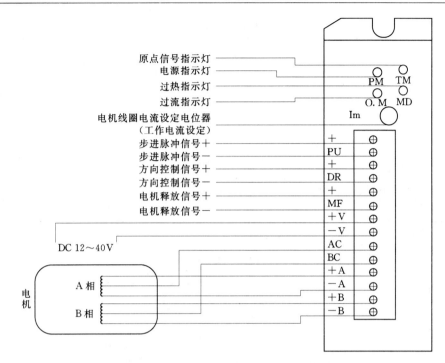

图 3 - 6 步进电机驱动器的端子与接线图

表 3 - 1　　　　　　　　　　步进电机驱动器端子说明表

标记符号	功　能	注　释
＋	输入信号光电隔离正端	接＋5V 供电电源，＋5V～＋24V 均可驱动，高于＋5V 需接限流电阻，请参见输入信号说明
PU	D2＝OFF 时为步进脉冲信号	下降沿有效，每当脉冲由高变低时电机走一步。输入电阻 220Ω，要求：低电平 0～0.5V，高电平 4～5V，脉冲宽度大于 2.5μs
	D2＝ON 时为正向步进脉冲信号	
＋	输入信号光电隔离正端	接＋5V 供电电源，＋5V～＋24V 均可驱动，高于＋5V 需接限流电阻，请参见输入信号说明
DR	D2＝OFF 时为方向控制信号	用于改变电机转向。输入电阻 220Ω，要求：低电平 0～0.5V，高电平 4～5V，脉冲宽度大于 2.5μs
	D2＝ON 时为反向步进脉冲信号	
＋	输入信号光电隔离正端	接＋5V 供电电源，＋5V～＋24V 均可驱动，高于＋5V 需接限流电阻，请参见输入信号说明
MF	电机释放信号	有效（低电平）时关断电机线圈电流，驱动器停止工作，电机处于自由状态
＋V	电源正极	DC 12～40V
－V	电源负极	
AC、BC	电机接线	六出线　八出线
＋A、－A		
＋B、－B		

表 3 - 2 　　　　　　　　　　　　　　YKA2404MC 细分设定表

细分数	1	2	4	5	8	10	20	25	40	50	100	200	200	200	200	200
D6	ON	OFF	ON	OFF	ON	OFF	ON	OFF	ON	OFF	ON	OFF	ON	OFF	ON	OFF
D5	ON	ON	OFF	OFF	ON	ON	OFF	OFF	ON	ON	OFF	OFF	ON	ON	OFF	OFF
D4	ON	ON	ON	ON	OFF	OFF	OFF	OFF	ON	ON	ON	ON	OFF	OFF	OFF	OFF
D3	ON	ON	ON	ON	ON	ON	ON	ON	OFF	OFF	OFF	OFF	OFF	OFF	OFF	OFF
D2	ON，双脉冲：PU 为正向步进脉冲信号，DR 为反向步进脉冲信号															
	OFF，单脉冲：PU 为步进脉冲信号，DR 为方向控制信号															
D1	无效。															

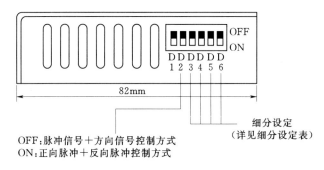

图 3 - 7　步进电机驱动器细分设定开关

二、光栅尺

光栅尺是用来检测位移的元件，下面以型号为 KA - 300 为例介绍光栅尺的使用。

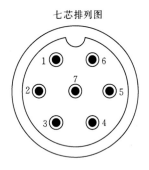

图 3 - 8　光栅尺七芯插座

该型号光栅尺的七芯插座的外观如图 3 - 8 所示，该插座对应的 TTL 信号输出见表 3 - 3。该光栅尺输出信号为脉冲信号，通过 PLC 对该高速脉冲进行高速计数即可实现位移的检测。

KA - 300 光栅尺在物理位置上有三个 Z 相脉冲输出点，相临两点的距离为 50mm，Z 相每发出一个脉冲，A 相或 B 相就发出 2500 个脉冲。可通过 A 相与 B 相的超前与滞后来分析物体运行的方向。通过 PLC 对 A 相或 B 相的脉冲计数就可以计算出物体所在的位置。A 相、B 相正交脉冲与 Z 相脉冲波形图如图 3 - 9 所示，在该图中，A 相脉冲超前于 B 相脉冲。

表 3 - 3 　　　　　　　　　　　　　　七芯 TTL 信号输出表

脚位	1	2	3	4	5	6	7
信号	0V	空	A	B	+5V	Z	地线

光栅尺与 PLC 按图 3 - 10 进行连接。

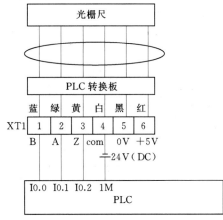

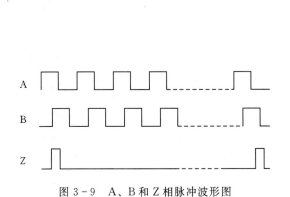

图3-9 A、B和Z相脉冲波形图   图3-10 光栅尺和PLC连接图

任务实施

一、I/O分配表

该运动小车位置闭环控制系统的输入输出分配见表3-4。

表3-4   I/O 分 配 表

输 入	
I0.0	PLC转换器A相输入
I0.1	PLC转换器B相输入
I0.2	PLC转换器R相输入
I1.5	停止按钮
I1.6	启动按钮
I1.7	回原点按钮
I2.1	左限位开关
I2.2	右限位开关
I2.3	原点检测开关
输 出	
Q0.0	输出高速脉冲
Q0.1	控制运行方向

二、硬件接线图

该运动小车位置闭环控制系统的硬件接线图如图3-11所示。

三、软件设计

用A、B相正交高速计数器对光栅尺的A、B相输出脉冲进行高速计数。对高速计数器选择4X计数速率。则高速计数器从0计数到10000个脉冲对应的位移变化为50mm，所以1mm对应的脉冲数为200个。若设定A位置的坐标值为60mm，则对应的高速计数器的当前值为12000。

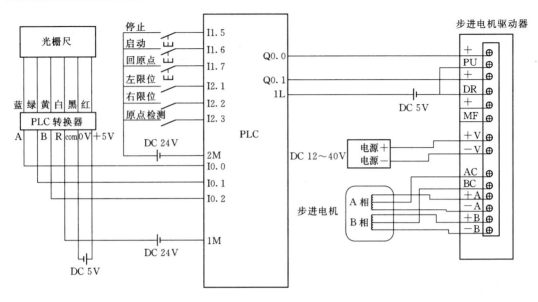

图 3-11 小车位置闭环控制系统硬件接线图

设 A 点位置通过 PLC 编程元件 VD0 设定，数据范围为 0~200mm。按下启动按钮，比较小车当前所在位置和 A 点位置坐标，若小车当前所在位置大于 A 点位置坐标，则控制小车向右运行，运行到两个位置值相等时产生一个中断，使小车立即停止。若小车当前所在位置小于 A 点位置坐标，则控制小车向左运行，运行到两个位置值相等时产生一个中断，使小车立即停止。若小车当前位置与 A 点位置相同，则按下启动按钮后，小车停止 5s 后返回到原点。

程序梯形图如图 3-12 所示。

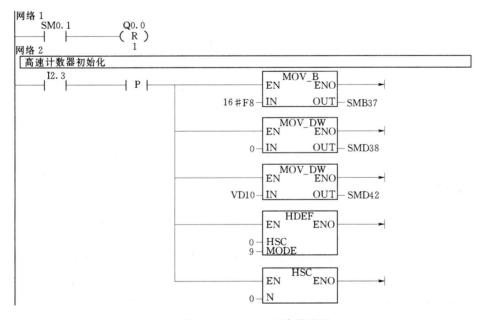

图 3-12（一） 程序梯形图

网络3

回原点程序:控制小车向右运行,当小车碰到原点检测开关就停止

```
    I1.7                         ┌──────────┐
────┤ ├────────┤ P ├─────┬──────┤运行      │
                         │      │EN        │
                         │      └──────────┘
                        Q0.1
                       ─( S )
                         1
```

网络4

当小车碰到原点检测开关就停止,当执行中断停止时M1.0置位,小车回到原点时原位

```
    I2.3                    ┌──────────┐
────┤ ├──────────┬─────────┤停止      │
                 │         │EN        │
                 │         └──────────┘
                Q0.1
               ─( R )
                 1
                M1.0
               ─( R )
                 1
                M0.0
               ─( R )
                 1
```

网络5

设A点位置坐标为100mm

```
   SM0.1            ┌────────────────┐
────┤ ├────────────┤ MOV_DW         │
                   │EN          ENO├────►
                   │                │
            100────┤IN          OUT├── VD0
                   └────────────────┘
```

网络6

把A点坐标换算成脉冲数

```
   SM0.0            ┌────────────────┐
────┤ ├────────────┤ MUL_DI         │
                   │EN          ENO├────►
                   │                │
            VD0────┤IN1         OUT├── VD10
           +200────┤IN2             │
                   └────────────────┘
```

网络7

按下启动按钮,小车运行找A点,并当小车当前位置与A点位置重合时调用中断

```
    I1.6                        M0.0
────┤ ├────────┤ P ├─────┬─────( S )
                         │       1
                         │     ┌──────────┐
                         ├─────┤运行      │
                         │     │EN        │
                         │     └──────────┘
                         │
                         ├─────(ENI)
                         │
                         │     ┌──────────┐
                         └─────┤ ATCH     │
                               │EN    ENO├────►
                               │          │
                中断停止:INT0───┤INT       │
                           I0───┤EVNT      │
                               └──────────┘
```

网络8

判断小车向右运行

```
   HC0      M0.0     Q0.1
──┤>D├──────┤ ├─────( S )
  VD10                1
```

图3-12(二)　程序梯形图

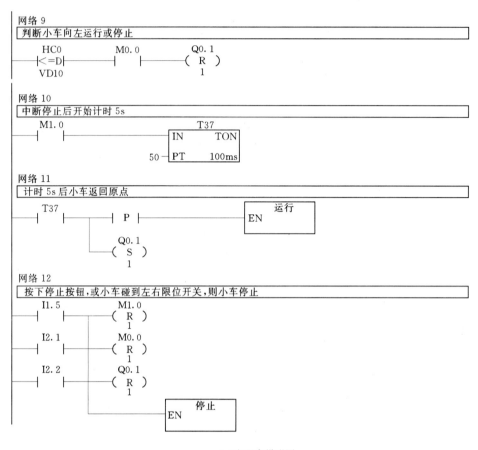

(a)主程序梯形图

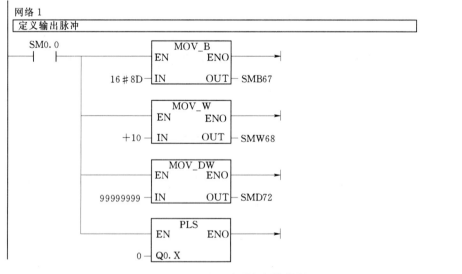

(b)运行子程序梯形图

图 3-12(三) 程序梯形图

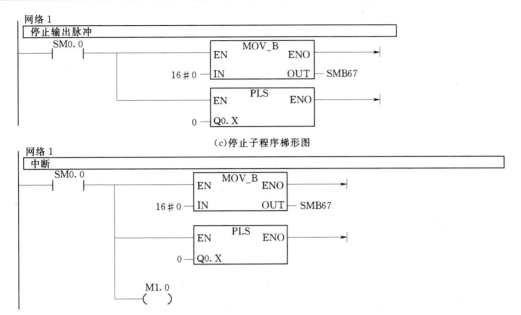

(c)停止子程序梯形图

(d)中断、停止程序梯形图

图3-12（四） 程序梯形图

拓展知识 常见的步进电机的工作方式及PLC控制步进电机的设计思路

一、常见的步进电机的工作方式

常见的步进电机的工作方式有以下三种。

1. 三相单三拍：A→B→C→A

三相单三拍工作方式时序图如图3-13所示。

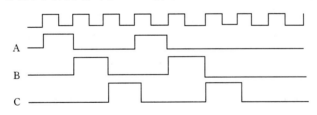

图3-13 三相单三拍工作方式时序图

2. 三相双三拍：AB→BC→CA→AB

三相双三拍工作方式时序图如图3-14所示。

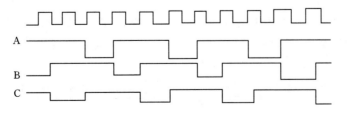

图3-14 三相双三拍工作方式时序图

3. 三相六拍：A→AB→B→BC→C→CA→A

三相六拍工作方式时序图如图 3 - 15 所示。

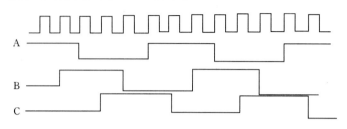

图 3 - 15　三相六拍工作方式时序图

二、PLC 控制步进电机的设计思路

(一) 步进电机控制方式

典型的步进电机控制系统如图 3 - 16 所示。

图 3 - 16　典型的步进电机控制系统

步进电动机是一种将数字脉冲信号转换成机械角位移或者线位移的数模转换元件。在经历了一个大的发展阶段后，目前其发展趋向平缓。然而，其基本原理是不变的，即一种将电脉冲信号转换成直线位移或角位移的执行元件，每当对其施加一个电脉冲时，其输出转过一个固定的角度。步进电机的输出位移量与输入脉冲个数成正比，其转速与单位时间内输入的脉冲数（即脉冲频率）成正比，其转向与脉冲分配到步进电机的各相绕组的脉冲顺序有关。所以只要控制指令脉冲的数量、频率及电机绕组通电的顺序，便可控制步进电机的输出位移量、速度和转向。步进电机的机理是基于最基本的电磁铁作用，可简单地定义为，根据输入的脉冲信号，每改变一次励磁状态就前进一定角度或长度，若不改变励磁状态则静止在一定位置的电动机。从广义上讲，步进电动机是一种受电脉冲信号控制的无刷式直流电机，也可看做是在一定频率范围内转速与控制脉冲频率同步的同步电动机。

步进电机的控制和驱动方法很多，按照使用的控制装置可以分为：普通集成电路控制、单片机控制、工业控制机控制、可编程控制器控制等几种。按照控制结构可分为：硬脉冲生成器硬脉冲分配结构（硬—硬结构）、软脉冲生成器软脉冲分配器结构（软—软结构）、软脉冲生成器硬脉冲分配器结构（软—硬结构）。

1. 硬—硬结构

如图 3 - 17 所示，这种步进电机的控制驱动系统由硬件电路脉冲生成器、硬件电路脉冲分配器、驱动器组成。这种控制驱动方式的步进电机运行速度比较快，但是其电路复杂，功能单一。

图 3 - 17　硬—硬结构控制

2. 软—软结构

如图3-18所示，这种步进电机的控制驱动系统由软件程序脉冲生成器、软件程序脉冲分配器、驱动器组成，其软件脉冲生成器和脉冲分配器都有微处理器或微控制器，通过编程实现脉冲的生成及分配。用单片机、工业控制机、普通个人计算机、可编程序控制器控制步进电机一般均可采用这种结构。这种控制驱动方法，电路结构简单，可以实现复杂的功能，但是占用CPU时间多，造成微处理器运行其他工作困难。

图3-18 软—软结构控制

3. 软—硬结构

如图3-19所示，这种步进电机的控制驱动系统由软件脉冲生成器、硬件脉冲分配器和硬件驱动器组成。硬件脉冲分配器是通过脉冲分配器芯片（如8713芯片）来实现通电换相控制的。这种控制驱动方法电路结构简单，可以实现复杂的功能，同时占用CPU时间较少，用可编程控制器全部实现了控制器和驱动器的功能。在PLC中，由软件代替了脉冲生成器和脉冲分配器，直接对步进电机进行并行控制，并且由PLC输出端口直接驱动步进电机。如图3-19所示，这是一种软—硬结构，脉冲生成器和脉冲分配器均由可编程序控制器程序实现。

图3-19 软—硬结构控制

（二）西门子PLC控制步进电机

控制步进电机最重要的就是要产生出符合要求的控制脉冲。西门子PLC本身带有高速脉冲计数器和高速脉冲发生器，其发出的频率最大为10kHz，能够满足步进电动机的要求。对PLC提出两个特性要求：一是在此应用的PLC最好是具有实时刷新技术的PLC，使输出信号的频率可以达到数千赫兹或更高，其目的是使脉冲能有较高的分配速度，充分利用步进电机的速度响应能力，提高整个系统的快速性；二是PLC本身的输出端口应该采用大功率晶体管，以满足步进电机各相绕组数十伏脉冲电压、数安培脉冲电流的驱动要求。

对输入电机进行相关脉冲控制，实现对步进电机三相绕组的48V直流电源的依次通、断，形成旋转磁场，从而使步进电机转动。

能力检测

（1）谈谈对步进电机和步进电机驱动器的认识。

（2）说出用PLC控制步进电机的实现方法。

（3）用S7-200 PLC控制步进电机正转与反转。把步进电机驱动器的D2设置为OFF，即PU为步进脉冲信号，DR为方向控制信号。PLC的Q0.0输出高速脉冲至步进电机驱动器的PU端，Q0.1控制步进电机反转。对应小车的运行各输出点分配如下：

1）正转启动，I0.0。

2）反转启动，I0.1。

3）向左运行，Q0.0 发脉冲，Q0.1 为 OFF。

4）向右运行，Q0.0 发脉冲，Q0.1 为 ON。

5）停止，Q0.0 停止发脉冲，Q0.1 为 OFF。

试画出硬件连接图并编写相应的 PLC 程序。

任务二　PLC 交流伺服控制

任务描述

某仓储车间的各种物料经过分拣后由机械手搬运到相应的料槽，过了一段时间后需要由伺服电机驱动的装置把各个料槽的物料返回搬运到储料井。

图 3-20　THJDQG-2 型光机电气
一体化控制实训系统

如图 3-20 所示为 THJDQG-2 型光机电气一体化控制实训系统，整个系统主要由机械部分和电气部分组成。本实训系统由导轨式型材实训台、光机电气一体化设备部件、电源模块、按钮模块、PLC 主机模块、变频器模块、交流电机模块、步进电机及驱动器模块、伺服电机及伺服驱动器模块、模拟生产设备实训单元（包含上料单元、皮带输送检测单元、气动机械手搬运单元、物料传送仓储单元、物料返回单元等）和各种传感器等组成。采用开放式结构设计，可根据现有的机械部件组装生产设备，使整个装置能够灵活地按实训教学需要组装光机电气一

体化设备。实训系统采用工业标准结构设计及抽屉式模块放置架，组合方便。控制对象均采用典型机电设备部件，接近工业现场环境，满足实训教学与技能竞赛需求。本装置涵盖了机电一体化和电气自动化专业中所涉及的 PLC 控制、变频调速、伺服电机调速、步进电机调速、传感检测、气动元件、机械结构安装与系统调试等内容，为培养可持续发展的光机电气一体化高技能人才提供一个良好的平台。

本任务主要是对该实训平台的物料返回单元中涉及的交流伺服进行学习。当气动机械手搬运单元夹紧第三个物料时，PLC 启动伺服驱动器，根据物料传送仓储单元传送的顺序进行返回搬运。涡轮蜗杆运动机构运行到第一个物料位置，双轴气缸下降，下限位传感器检测到位后，真空发生器动作；真空吸盘吸紧物料后，双轴气缸上升；双轴气缸上限位传感器检测到位信号后，伺服电机启动，涡轮蜗杆运动机构运行到上料单元井式工件库上方真空发生器释放，物料落入井式工件库中，电机继续向右运行，电感式传感器检测到位信号后，电机反向运行进行下一物料搬运，重复上面的过程。物料返回单元如图 3-21 所示。

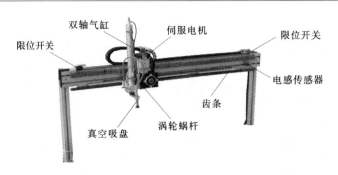

图 3-21　物料返回单元

1. 主要组成与功能

物料返回单元由双轴气缸、伺服电机、伺服电机驱动器、涡轮蜗杆、齿条、电感传感器、限位开关、真空吸盘、真空发生器和电磁阀等组成，主要完成物料的返回搬运。

（1）伺服电机及驱动器。用于控制涡轮蜗杆运动机构的运行，通过调整脉冲个数进行精确定位。

（2）双轴气缸。配合真空吸盘对货台上的物料进行吸附搬运，由单相电控气动阀控制。

（3）磁性传感器。用于气缸的位置检测。当检测到气缸准确到位后给 PLC 送一个到位信号。（磁性传感器接线时注意：蓝色接"—"，棕色接"PLC 输入端"。）

（4）限位开关。用于涡轮蜗杆运动机构的限位。

（5）电感传感器。用于运动机构的定位，在涡轮蜗杆运动机构运动到电感传感器检测位置时，电感传感器向 PLC 发送到位信号。

2. 主要器件

（1）速度调节阀：出气节流式。

（2）双轴气缸：DBT-25-250SA2。

（3）伺服电机：R88M-G20030H-S2-Z。

（4）伺服电机驱动器：R7D-BP02HH-Z。

（5）限位开关：V-155-1C25。

（6）电感传感器：GKB-M0524NA。

（7）真空吸盘：PAFS-15-10NBR。

知识链接

一、伺服电机及驱动器

欧姆龙通用 SMARTSTEP2 系列 AC 伺服具有位置控制和速度控制 2 种模式，而且能够切换位置控制和速度控制运行。因此它适用于以加工机床和一般加工设备的高精度定位和平稳的速度控制为主的范围宽广的各种领域。

（一）控制模式

1. 位置控制模式

用最高 50 万脉冲/s 的高速脉冲串执行电机的旋转速度和方向的控制，分辨率为 10 万脉冲/r 的高精度定位。

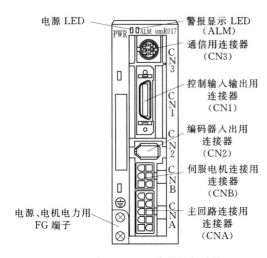

图 3-22　伺服电机驱动器的各种接口

2. 速度控制模式

用由参数构成的内部速度指令（最多4速）对伺服电机的旋转速度和方向进行高精度的平滑控制。另外，对于速度指令，它还具有进行加减速时的常数设置和停止时的伺服锁定功能。

（二）各部分名称

伺服电机驱动器的各种接口如图 3-22 所示。该伺服电机驱动器包括电源和警报显示 LED 灯、通信用连接器（CN3）、控制输入输出用连接器（CN1）、编码器入出用连接器（CN2）、伺服电机连接用连接器（CNB）和主回路连接用连接器（CNA）。

1. 电源 LED（PWR）

电源 LED 灯显示及各种状态如表 3-5 所示。

表 3-5　　　　　　　　　　　　　电源 LED 灯显示及状态表

LED 显示	状　态
绿色灯亮	主电源打开
橙色灯亮	警告时 1s 闪烁（过载、过再生、分隔旋转速度异常）
红色灯亮	报警发生

2. 报警显示 LED（ALM）

发生报警时闪烁，通过橙色及红色显示灯的闪烁次数来表示警报代码。

（三）输入输出信号（CN1）

伺服电机驱动器的输入输出信号（CN1）的各个端子如图 3-23 所示。对每个端子的说明见表 3-6。

表 3-6　　　　　　　　　　　　　输入输出信号（CN1）端子说明表

引脚	标记	名　称	功能界面
1	+24VIN	控制用 DC 电源输入	序列输入（引脚 No.1）用电源 DC+12 ~ 24V 的输入端子
2	RUN	运转指令输入	ON：伺服 ON（接通电机电源）
3	RESET	报警复位	ON：对伺服报警的状态进行复位。 开启时间必须在 120ms 以上
4	ECRST/VSEL2	偏差计数器复位输入/内部设定速度选择 2	位置控制模式（Pn02 为"0"或者"2"）时，转换为偏差计数器输入。 ON：禁止脉冲指令，对偏差计数器进行复位（清除）。必须开启 2ms 以上 内部速度控制模式（Pn02 为"1"）时，转换为内部设定速度选择 2。 ON：输入内部设定速度选择 2

引脚	标记	名称	功能界面
5	GSEL/ VZERO/ TLSEL	增益切换/ 零速度指定/ 转矩限制切换	在位置控制模式（Pn02 为"1"）时，如果零速度指定/转矩限制切换（Pn06）为"0"或"1"，则转换为增益切换输入
			内部速度控制模式（Pn02 为"1"）时，转换为零速度指定输入。 OFF：速度指令转换为零 通过设定零速度指定/转矩限制切换（Pn06），也可以使输入无效。 有效（Pn06 = 1）、无效（Pn06 = 0）
			零速度指定/转矩限制切换（Pn06）如果为"2"，位置控制模式、内部速度控制模式同时切换为转矩限制切换。 （Pn70、5E、63）为 OFF：转换为第 1 控制值。 （Pn71、72、73）为 ON：转换为第 1 控制值
6	GESEL/ VSEL1	电子齿轮切换/ 内部设定速度选择 1	位置控制模式（Pn02 为"0"或者"2"）时，转换为电子齿轮切换输入。 （Pn46）为 OFF：第 1 电子齿轮比分子。 （Pn47）为 ON：第 2 电子齿轮比分子
			内部速度控制模式（Pn02 为"1"）时，转换为内部设定速度选择 1。 ON：输入内部设定速度选择"1"
7	NOT	输入反转侧驱动禁止	反转侧超程输入。 OFF：驱动禁止。 ON：驱动允许
8	POT	输入正转侧驱动禁止	正转侧超程输入。 OFF：驱动禁止。 ON：驱动允许
9	/ALM	报警输出	驱动器发出报警之后，停止输出
10	INP/ TGON	定位完成输出/电机转速检测输出	位置控制模式（Pn02 为"0"或者"2"）时，转换为定位完成输出。 ON：偏差计数器的滞留脉冲在定位完成幅度（Pn60）的设定值以内
			内部速度控制模式（Pn02 为"1"）时，转换为电机转速检测输出。 ON：电机转速大于电机检测转速（Pn62）的设定值
11	BKIR	制动器联锁输出	输出保持制动器的定时信号。 ON 时，请放开保持制动器
12	WARN	警告输出	通过警告输出选择（Pn09）选择的信号被输出
13	OGND	输出共用地线	序列输出（引脚 No.9、No.10、No.11、No.12）用共用地线
14	GND	共用地线	编码器输出、Z 相输出（引脚 No.21）用共用地线
15	+A	编码器 A 相输出	
16	−A		
17	+B	编码器 B 相输出	按照编码器分频比设定（Pn44）的设定输出编码器脉冲。 线性驱动器输出（相当于 RS－422）
18	−B		
19	+Z	编码器 Z 相输出	
20	−Z		

续表

引脚	标记	名称	功能界面
21	Z	Z相输出	输出编码器的Z相（1脉冲/r）。 集电极开路输出
22	+CW/ PULS/FA	反转脉冲/进给脉冲/90°相位差信号 （A相）	位置指令用的脉冲串输入端子。 线性驱动器输入时：最大响应频率50万脉冲/s。 开路集电极输入时：最大响应频率20万脉冲/s。 可以从反转脉冲/正转脉冲（CW/CCW）、进给脉冲/方向信号（PULS/SIGN）、90°相位差（A/B相）信号（FA/FB）中进行选择。（根据Pn42的设定）
23	−CW/ PULS/FA		
24	+CCW/ SIGN/FB	正转脉冲/方向信号/90°相位差信号 （B相）	
25	−CCW/ SIGN/FB		

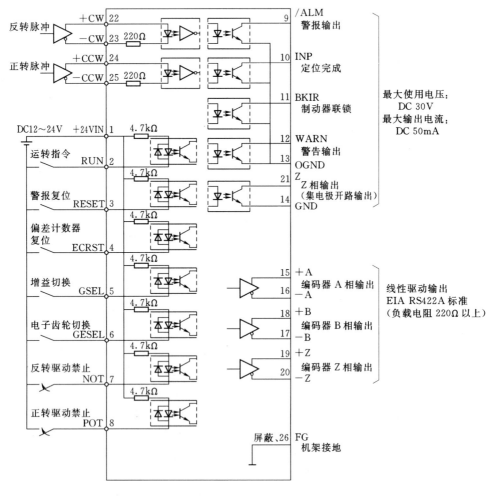

图 3-23　输入输出信号（CN1）端子图

二、位置指令脉冲输入接线规则

（一）线性伺服驱动器输入

线性伺服驱动器的输入接线方式如图 3-24 所示。

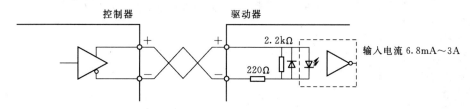

图 3-24　线性伺服驱动器输入接线图

（二）集电极开路输入

集电极开路输入接线方式如图 3-25 所示。

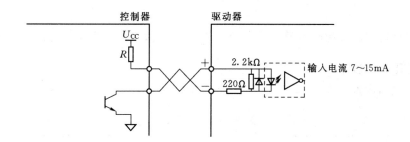

注：电阻 R 为在输入电流 7～15mA 时选定（见下表）

U_{CC}/V	$R/k\Omega$
24	2
12	1

图 3-25　集电极开路输入接线图

三、伺服设置软件的使用

（一）软件安装

将 CX-ONE V2.12 软件光盘放入光驱，计算机将会自动运行安装程序。按向导提示，一路按下"下一步"。在安装过程中去掉不用的软件，保留 CX-Drive，节省安装空间和安装时间。软件安装界面如图 3-26 所示。

安装完成再安装软件 CX-Drive V1.61，按向导提示，一路按"下一步"，完成软件升级。

（二）软件使用

（1）安装好 CX-Drive 软件后，打开 CX-Drive 软件，新建一个工程。选择伺服型号、功率、电源类型以及设置与 PC 机的通信方式，如图 3-27 所示。

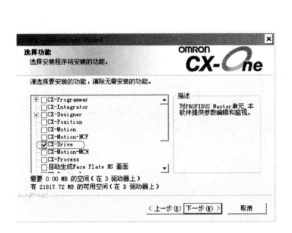

图 3-26 软件安装界面

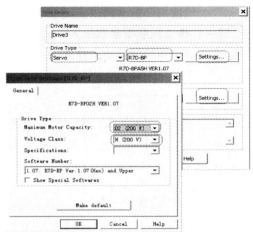

图 3-27 新建工程

（2）用伺服连接电缆连接伺服驱动器与 PC 机，打开伺服电源，单击图标"⚡"在线工作。

（3）根据需要修改伺服参数，单击图标，将修改好的参数下载到伺服驱动器中。

四、伺服参数设置

伺服参数的设置见表 3-7。

表 3-7 伺服参数设置表

序号	参数代号	默认设置	设置值	说 明
1	Pn04	1	0	驱动禁止输入选择
2	Pn10	40	18	位置回路增益
3	Pn11	60	55	速度回路增益
4	Pn20	300	80	惯量比
5	Pn42	1	3	指令脉冲模式
6	Pn46	10000	3000	第1电子齿轮比分子
7	Pn4B	2500	2500	电子齿轮比分母
8	Pn5E	300	58	转矩限制
9	Pn63	100	23	偏差计数器溢出级别
10	Pn66		2	驱动禁止输入的停止选择
11	Pn6A	10	5	停止时的制动器定时

五、报警显示

当发生故障时，就会进行相应的报警显示，报警显示见表 3-8。

表 3 - 8　　　　　　　　　　　　　报 警 显 示 明 细 表

序号	报警显示	异常内容	发生异常时的状况
1	11	电源电压不足	在运行指令（RUN）的输入中，主电路 DC 电压降到规定值以下
2	12	过电压	主电路 DC 电压异常的高
3	14	过电流	过电流流过 IGBT，电机动力线的接地、短路
4	15	内部电阻器过热	驱动器内部的电阻器异常发热
5	16	过载	大幅度超出额定转矩运行了几秒或者几十秒
6	18	再生过载	再生能量超出了电阻器的处理能力
7	21	编码器断线检出	编码器线断线
8	23	编码器数据异常	来自编码器的数据异常
9	24	偏差计数器溢出	计数器的剩余脉冲超出了偏差计数器的超限级别（Pn63）的设定值
10	26	超速	电机的旋转速度超出了最大转速。 使用转矩限制功能时，超速检查级别设定（Pn70、Pn73）的设定值超出了电机旋转速度
11	27	电子齿轮设定异常	第 1 和第 2 电子齿轮比分子（Pn46、Pn47）的设定值不合适
12	29	偏差计数器溢流	偏差计数器的剩余脉冲超过 134217728 次脉冲
13	34	超程界限异常	位置指令输入超出了由越程界限设定（Pn26）所设定的电机可以运作的范围
14	36	参数异常	接通电源时，从 EEPROM 读取数据时，参数保存区域的数据已经被破坏
15	37	参数破坏	接通电源从 EEPROM 读取数据时，和校验不符
16	38	禁止驱动输入异常	禁止正转侧驱动和禁止反转侧驱动都被关闭
17	48	编码器 Z 相异常	检测到 Z 相的脉冲流失
18	49	编码器 CS 信号异常	检测到 CS 信号的逻辑异常
19	95	电机不一致	伺服电机和驱动器的组合不恰当 接通电源时，编码器没有被连接
20	96	LSI 设定异常	干扰过大，造成 LSI 的设定不能正常完成
21		其他异常	驱动器启动自我诊断功能，驱动器内部发生了某种异常

任务实施

一、I/O 分配表

光电电气一体化控制实训系统的 I/O 分配见表 3 - 9。

表 3 - 9   I/O 分 配 表

序号	PLC 地址	名称及功能说明	序号	PLC 地址	名称及功能说明
1	I0.0	光电编码器 A 相	24	Q0.0	步进电机驱动器 PUL
2	I0.1	光电编码器 B 相	25	Q0.1	伺服驱动器＋PULS
3	I0.2	启动按钮	26	Q0.2	步进电机驱动器 DIR
4	I0.3	停止按钮	27	Q0.3	伺服驱动器＋SIGN
5	I0.4	复位按钮	28	Q0.4	上料气缸电磁阀
6	I0.5	上料检测光电传感器输出	29	Q0.5	旋转气缸电磁阀
7	I0.6	货台原位限位开关	30	Q0.6	升降气缸电磁阀
8	I0.7	传送带电感传感器输出	31	Q0.7	气动手爪电磁阀
9	I1.0	传送带电容传感器输出	32	Q1.0	分拣气缸电磁阀
10	I1.1	传送带色标传感器输出	33	Q1.1	吸料气缸电磁阀
11	I1.2	气动机械手手臂上限位传感器	34	Q1.2	吸盘吸气电磁阀
12	I1.3	气动机械手手臂下限位传感器	35	Q1.3	吸盘释放电磁阀
13	I1.4	旋转气缸逆时针限位传感器	36	Q1.4	警示绿灯
14	I1.5	旋转气缸顺时针限位传感器	37	Q1.5	警示红灯
15	I1.6	上料气缸回位限位传感器	38	Q1.6	警示黄灯
16	I1.7	上料气缸伸出限位传感器	39	Q2.0	变频器 DIN1
17	I2.0	分拣气缸回位限位传感器			
18	I2.1	分拣气缸伸出限位传感器			
19	I2.2	气动手爪夹紧限位传感器			
20	I2.3	伺服电机原位电感传感器输出			
21	I2.4	吸料气缸回位限位传感器			
22	I2.5	吸料气缸伸出限位传感器			
23	I2.6	伺服驱动器 ALM 输出			

二、伺服接线图

S7 - 200 与伺服驱动器和伺服电机的接线图如图 3 - 28 所示。

三、软件设计

由于本项目主要是针对光电电气一体化控制实训系统的物料返回单元的交流伺服控制进行分析，故对这部分的控制要求进行编制程序，包括伺服启动程序、驱动伺服电机驱动器程序、伺服回位程序、吸料气缸和吸盘吸料启动程序、吸料气缸复位程序、伺服定位程序、吸盘吸料复位程序、吸盘放料启动程序、电机运行误动作复位程序、吸料缩回程序，其梯形图如图 3 - 29～图 3 - 38 所示。

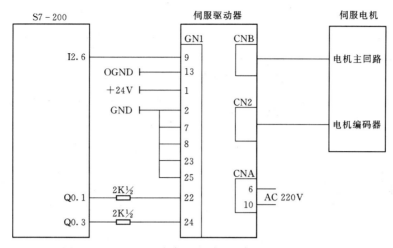

图 3 - 28　S7 - 200 与伺服驱动器和伺服电机的接线图

符号	地址	注释
搬运次数	C1	
到位标志	M25.0	
放料延时	M7.7	
启动标志	M30.0	
伺服电机右限位	I2.3	
伺服回位	M7.6	
伺服警告	I2.6	
伺服启动	M7.1	
伺服启动等待	M7.0	
伺服启动延时	T38	
停止标志	M30.1	
吸料气缸伸出	I2.5	
吸料气缸缩回	I2.4	
吸料伸出	M7.4	
吸料缩回	M7.5	
运行到位等待	M7.3	

图 3 - 29（一）　伺服启动程序梯形图

网络 52

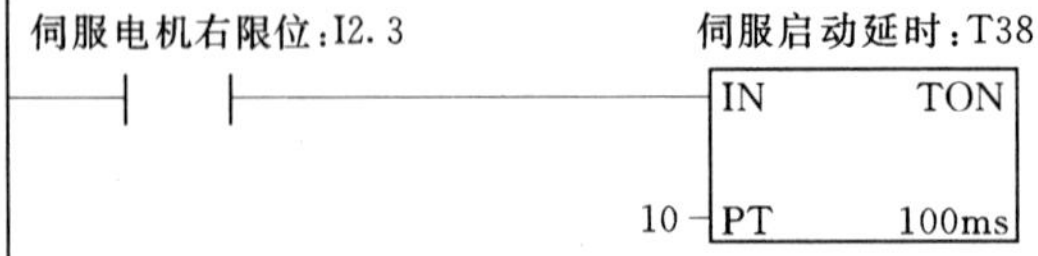

伺服电机右限位:I2.3　　　　　　伺服启动延时:T38

```
┤ ├                    ┌──────────┐
                       │IN    TON │
                       │          │
                  10 ──┤PT   100ms│
                       └──────────┘
```

符号	地址	注释
伺服电机右限位	I2.3	
伺服启动延时	T38	

网络 53

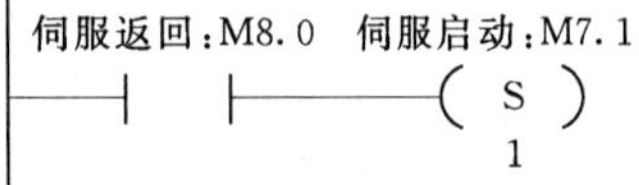

伺服返回:M8.0　伺服启动:M7.1

```
┤ ├  ┤ ├  ─( S )
            1
```

符号	地址	注释
伺服返回	M8.0	
伺服启动	M7.1	

网络 54

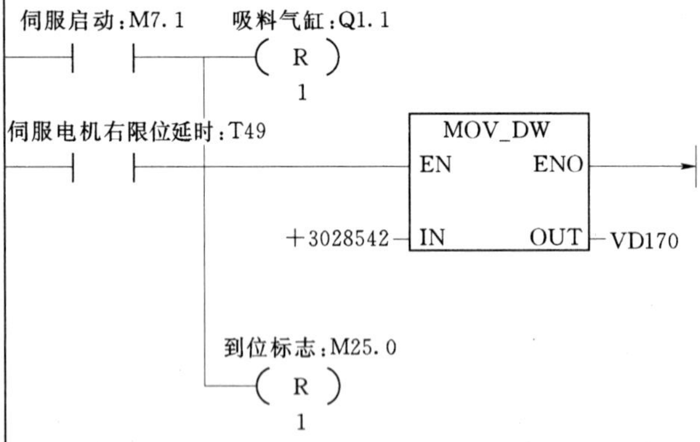

伺服启动:M7.1　　吸料气缸:Q1.1

```
┤ ├────┬──( R )
        │    1
        │
伺服电机右限位延时:T49      ┌──────────┐
                          │ MOV_DW   │
┤ ├──────────────────────┤EN    ENO ├──
        │                 │          │
        │        +3028542─┤IN    OUT ├─ VD170
        │                 └──────────┘
        │
    到位标志:M25.0
        └──( R )
             1
```

符号	地址	注释
到位标志	M25.0	
伺服电机右限位延时	T49	
伺服启动	M7.1	
吸料气缸	Q1.1	

图 3 - 29（二）　伺服启动程序梯形图

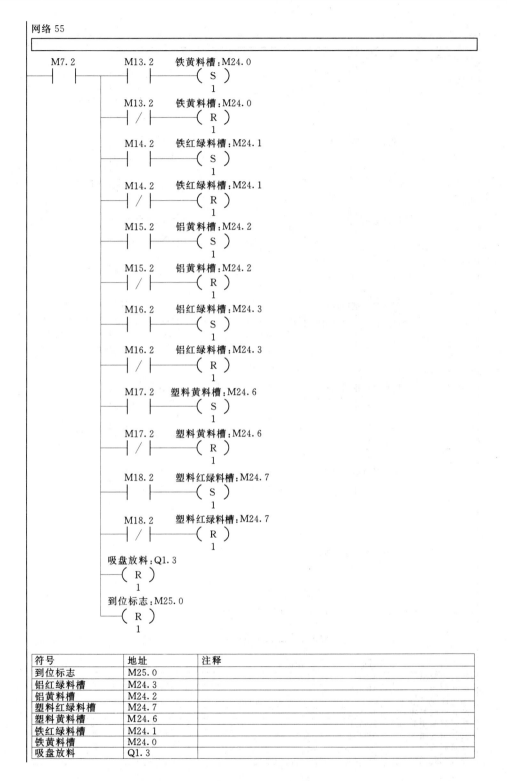

图 3 - 30（一） 驱动伺服电机驱动器程序梯形图

符号	地址	注释
到位标志	M25.0	
铝红绿料槽	M24.3	
铝黄料槽	M24.2	
塑料红绿料槽	M24.7	
塑料黄料槽	M24.6	
铁红绿料槽	M24.1	
铁黄料槽	M24.0	
吸盘放料	Q1.3	

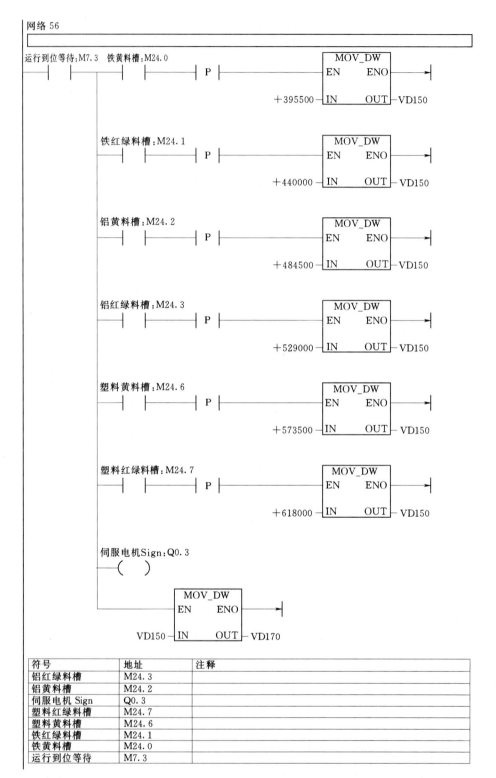

图 3 - 30（二）　驱动伺服电机驱动器程序梯形图

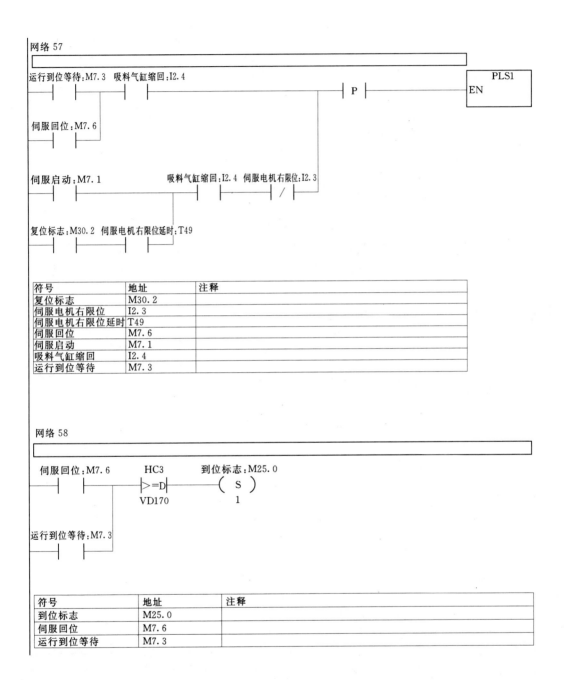

图 3-31 伺服回位程序梯形图

网络 59

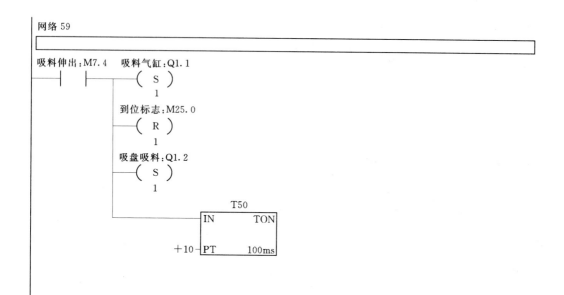

符号	地址	注释
到位标志	M25.0	
吸料气缸	Q1.1	
吸料伸出	M7.4	
吸盘吸料	Q1.2	

图 3-32 吸料气缸和吸盘吸料启动程序梯形图

网络 60

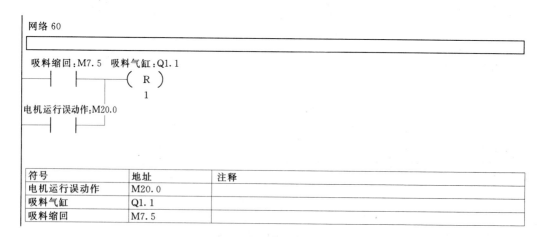

符号	地址	注释
电机运行误动作	M20.0	
吸料气缸	Q1.1	
吸料缩回	M7.5	

图 3-33 吸料气缸复位程序梯形图

网络 61

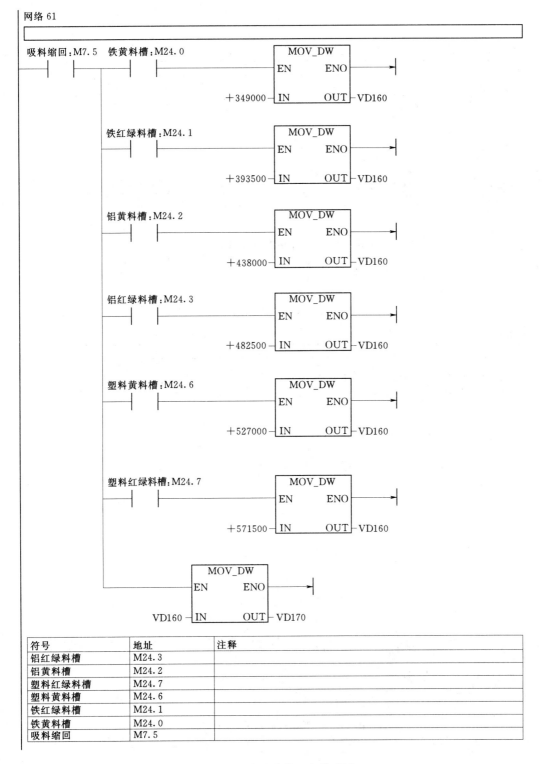

符号	地址	注释
铝红绿料槽	M24.3	
铝黄料槽	M24.2	
塑料红绿料槽	M24.7	
塑料黄料槽	M24.6	
铁红绿料槽	M24.1	
铁黄料槽	M24.0	
吸料缩回	M7.5	

图 3-34 伺服定位程序梯形图

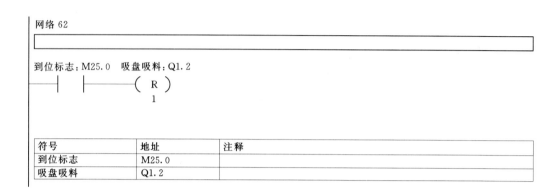

图 3 - 35 吸盘吸料复位程序梯形图

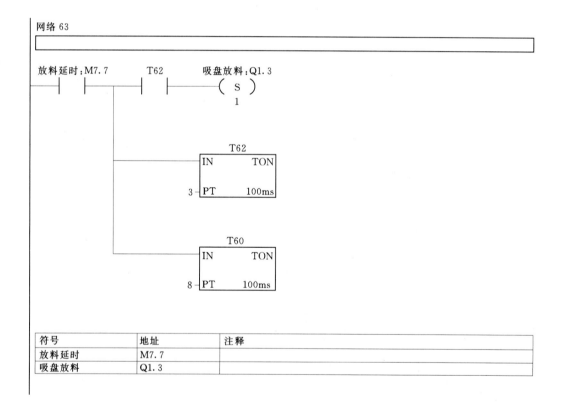

图 3 - 36 吸盘放料启动程序梯形图

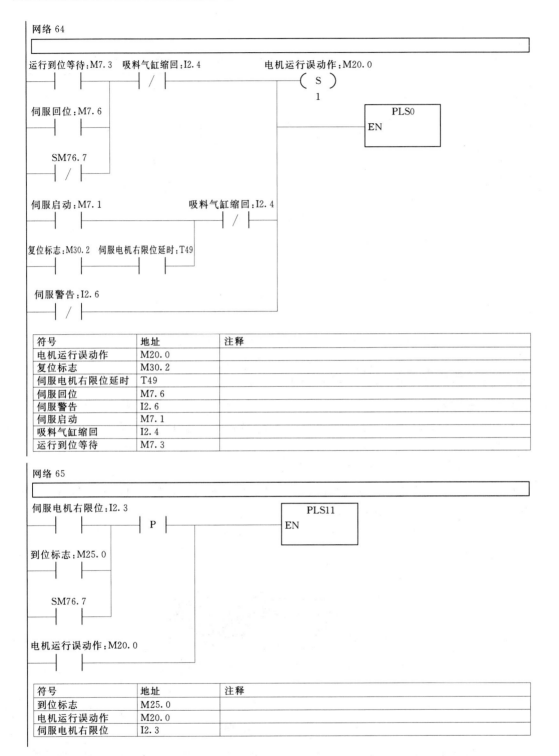

图 3－37　电机运行误动作复位程序梯形图

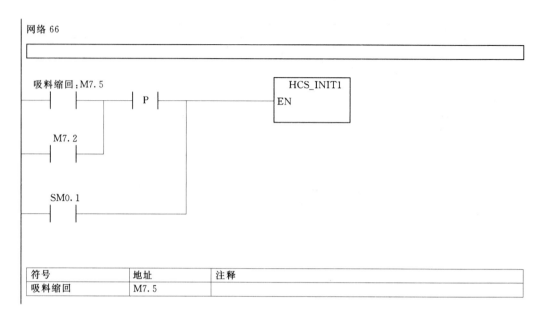

图 3-38　吸料缩回程序梯形图

拓展知识　气动原理及气动回路原理图

一、气动原理

气动技术是执行元件（气缸与气马达）和控制元件（各种控制阀）的工业实现和应用，以空气作为工作介质。气动传动具有能源便宜、防火防爆、能源损失小、适合于高速间歇运动、可靠性高寿命长和安全方便等优点。

（1）气动执行元件部分。单杆气缸、气动手爪、导杆气缸、旋转气缸和双轴气缸。气缸如图 3-39 所示。气动手爪控制图如图 3-40 所示。

（2）气动控制元件部分。单控电磁阀和双控电磁阀。单控电磁阀示意图如图 3-41 所示，双控电磁阀示意图如图 3-42 所示。

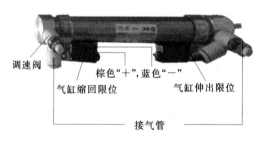

图 3-39　气缸示意图

注：气缸的正确运动推动物料到达相应的位置，只要交换进、出气的方向（由单控电磁阀实现）就能改变气缸的伸出、缩回运动，气缸两侧的磁性开关用于检测气缸是否已经运动到位。

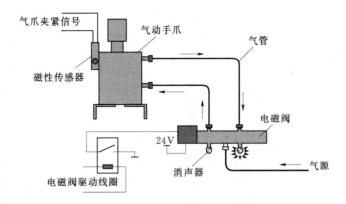

图 3-40 气动手爪控制图

注：图中气动手爪夹紧由单控电磁阀控制，当电磁阀得电，气动手爪夹紧；当单控气阀断电后气动手爪张开。

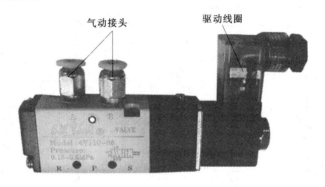

图 3-41 单控电磁阀示意图

注：单控电磁阀用来控制气缸单向运动，实现气缸的伸出、缩回运动。与双控电磁阀区别在于：双控电磁阀初始位置是任意，可以控制两个位置；而单控电磁阀初始位置是固定的，只能控制一个方向。

图 3-42 双控电磁阀示意图

注：双控电控阀用来控制气缸进气和出气，从而实现气缸的伸出、缩回运动。

二、气动回路原理图

气动回路原理如图 3-43 所示。

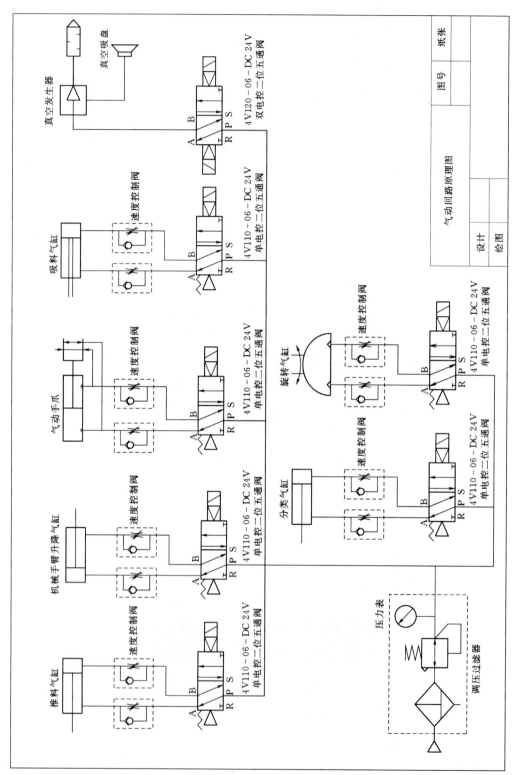

图 3 - 43　气动回路原理图

能力检测

（1）谈谈对伺服电机及伺服电机驱动器的认识。

（2）结合参考程序说说伺服定位是如何实现的。

（3）试通过 CX – Drive 软件对伺服电机进行参数设置。

项目四　PLC 模 拟 量 控 制

项目分析

在工业控制中，某些输入量（如压力、温度、流量、转速等）是模拟量，某些执行机构（例如电动调节阀和变频器等）要求 PLC 输出模拟量信号，而 PLC 的 CPU 只能处理数字量。模拟量首先被传感器和变送器转换为标准量程的电流或电压，例如 $4\sim20\text{mA}$，$1\sim5\text{V}$，$0\sim10\text{V}$，PLC 用 A/D 转换器将它们转换成数字量。带正负号的电流或电压在 A/D 转换后用二进制补码表示。本项目主要介绍 PLC 模拟量控制中的温度闭环控制系统。

项目目标

掌握温度闭环控制系统的构成，特别是对 EM235 模块进行学习；掌握 PID 控制程序的编写方法；掌握 P、I、D 三个参数的选取方法。

任务　PLC 温度控制系统

任务描述

某小型热水锅炉，冷水从进水口进入，经加热后由下部出水管供给用户。工艺要求供水温度应保持在 $80\sim85℃$，采用 PID 控制，实现对水温的自动控制。

温度及湿度的测量和控制对人类日常生活、工业生产、气象预报和物资仓储等都起着极其重要的作用。在许多场合，及时准确获得目标的温度、湿度信息是十分重要的，近年来，温湿度测控领域发展迅速，并且随着数字技术的发展，温湿度的测控芯片也相应地登上历史的舞台，能够在工业、农业等各领域中广泛使用。随着科学技术的不断发展，人们对温度控制系统的要求越来越高，因此，高精度、智能化、人性化的温度控制系统是国内外必然发展趋势。本项目以西门子 S7 - 200PLC 作为控制器，对模拟锅炉的温度检测和控制模块作为被控对象，构成了一个温度控制 PID 闭环控制系统，这个控制系统对于学生了解模拟量控制有很大的作用。

知识链接

一、西门子 S7 - 200CPU226

S7 - 200 系列 PLC 可提供 4 种不同的基本单元和 6 种型号的扩展单元。其系统构成包括基本单元、扩展单元、编程器、存储卡和写入器等。S7 - 200 系列 PLC 中 CPU22X 的基本单元见表 4 - 1。

表 4 - 1　　　　　　　　　**S7 - 200 系列 PLC 中 CPU22X 的基本单元**

型　号	输入点	输出点	可带扩展模块数
S7 - 200CPU221	6	4	0
S7 - 200CPU222	8	6	2 个扩展模块
S7 - 200CPU224	24	10	7 个扩展模块
S7 - 200CPU224XP	24	16	7 个扩展模块
S7 - 200CPU226	24	16	7 个扩展模块

本项目采用的是 CPU226。它具有 24 输入/16 输出，共 40 个数字量 I/O 点。可连接 7 个扩展模块，最大扩展至 248 路数字量 I/O 点或 35 路模拟量 I/O 点。26KB 程序和数据存储空间。6 个独立的 30kHz 高速计数器，2 路独立的 20kHz 高速脉冲输出，具有 PID 控制器。2 个 RS485 通信/编程口，具有 PPI 通信协议、MPI 通信协议和自由方式通信能力。I/O 端子排可很容易地整体拆卸。用于较高要求的控制系统，具有更多的输入/输出点，更强的模块扩展能力，更快的运行速度和功能更强的内部集成特殊功能。可完全适应于一些复杂的中小型控制系统。

二、传感器

热电偶是一种感温元件，它直接测量温度，并把温度信号转换成热电动势信号。常用热电偶可分为标准热电偶和非标准热电偶两大类。所调用标准热电偶是指国家标准规定了其热电势与温度的关系、答应误差、并有统一的标准分度表的热电偶，它有与其配套的显示仪表可供选用。非标准化热电偶在使用范围或数量级上均不及标准化热电偶，一般也没有统一的分度表，主要用于某些特殊场合的测量。我国从 1988 年 1 月 1 日起，热电偶和热电阻全部按 IEC 国际标准生产，并指定 S、B、E、K、R、J、T 七种标准化热电偶为我国统一设计型热电偶。本项目采用的是 K 型热电阻。

三、EM235 模拟量输入模块

EM235 模块是组合强功率精密线性电流互感器、意法半导体（ST）单片集成变送器 ASIC 芯片于一体的新一代交流电流隔离变送器模块，它可以直接将被测主回路交流电流转换成按线性比例输出的 DC 4～20mA（通过 250Ω 电阻转换 DC 1～5V 或通过 500Ω 电阻 转换 DC 2～10V）恒流环标准信号，连续输送到接收装置（计算机或显示仪表）。

图 4 - 1 所示为如何用 DIP 开关设置 EM235 模块。开关 1 到 6 可选择模拟量输入范围

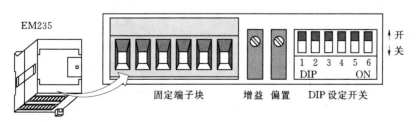

图 4 - 1　DIP 开关设置 EM235 模块

和分辨率。所有的输入设置成相同的模拟量输入范围和格式。表 4-2 所列为如何选择单/双极性（开关 6）、增益（开关 4 和 5）和衰减（开关 1、2 和 3）。表 4-2 中，ON 表示接通，OFF 表示断开。

表 4-2 EM235 选择模拟量输入范围和分辨率的开关表

单 极 性						满量程输入	分辨率
SW1	SW2	SW3	SW4	SW5	SW6		
ON	OFF	OFF	ON	OFF	ON	0～50mV	12.5μV
OFF	ON	OFF	ON	OFF	ON	0～100mV	25μV
ON	OFF	OFF	OFF	ON	ON	0～500mV	125μA
OFF	ON	OFF	OFF	ON	ON	0～1V	250μV
ON	OFF	OFF	OFF	OFF	ON	0～5V	1.25mV
ON	OFF	OFF	OFF	OFF	ON	0～20mA	5μA
OFF	ON	OFF	OFF	OFF	ON	0～10V	2.5mV

根据温度检测和控制模块，本项目设置 PID 开关为 010001。

四、温度检测和控制模块

该模块模拟真实锅炉的温度检测和控制，可自行将 0～10V 模拟信号转化为占空比对锅炉进行加热。输出的模拟信号也是 0～10V，锅炉外接 24V 直流电源。

任务实施

一、I/O 分配表

该温度闭环控制系统的 I/O 分配表见表 4-3。

表 4-3 I/O 分 配 表

输 入	
I0.0	启动按钮
I0.1	停止按钮
输 出	
Q0.0	启动指示灯
Q0.1	停止指示灯
Q0.2	正常运行指示灯
Q0.3	温度越上限报警指示灯
Q0.4	锅炉加热指示灯

二、硬件接线图

根据控制要求整个控制系统的硬件连接如图 4-2 所示，具体的 EM235CN 模块的连接如图 4 - 3 所示。

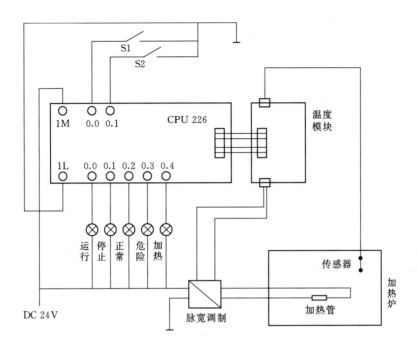

图 4 - 2　控制系统的硬件连接图

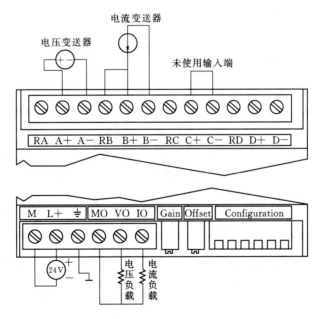

图 4 - 3　EM235CN 模块的连接图

三、软件设计

(一) PID 控制程序设计

模拟量闭环控制较好的方法之一是 PID 控制，PID 在工业领域的应用已经有 60 多年，现在依然广泛地被应用。人们在应用的过程中积累了许多的经验，PID 的研究已经到达一个比较高的程度。

比例控制（P）是一种最简单的控制方式。其控制器的输出与输入误差信号成比例关系。其特点是快速反应、控制及时，但不能消除余差。

在积分控制（I）中，控制器的输出与输入误差信号的积分成正比关系。积分控制可以消除余差，但具有滞后特点，不能快速对误差进行有效地控制。

在微分控制（D）中，控制器的输出与输入误差信号的微分（即误差的变化率）成正比关系。微分控制具有超前作用，它能猜测误差变化的趋势。避免较大的误差出现，微分控制不能消除余差。

PID 控制，P、I、D 各有自己的长处和缺点，它们一起使用的时候又互相制约，但只要合理地选取 PID 值，就可以获得较高的控制质量。

1. PID 在 PLC 中的回路指令

西门子 S7 - 200 系列 PLC 中使用的 PID 回路指令，见表 4 - 4。

表 4 - 4　　　　　　　　　　PID 回 路 指 令

名　　　称	PID 运 算
指令格式	PID
指令表格式	PID TBL, LOOP
梯形图	PID EN ENO TBL LOOP

使用方法：当 EN 端口执行条件存在时候，就可进行 PID 运算。指令的两个操作数 TBL 和 LOOP，TBL 是回路表的起始地址，本项目采用的是 VB100，因为一个 PID 回路占用了 32 个字节，所以 VD100 到 VD131 都被占用了。LOOP 是回路号，可以是 0～7，不可以重复使用。PID 回路在 PLC 中的地址分配情况见表 4 - 5。

表 4 - 5　　　　　　　　　PID 回路在 PLC 中的地址分配表

偏移地址	名　　　称	数据类型	说　　明
0	过程变量（PVn）	实数	必须在 0.0～1.0 之间
4	给定值（SPn）	实数	必须在 0.0～1.0 之间
8	输出值（Mn）	实数	必须在 0.0～1.0 之间
12	增益（Kc）	实数	比例常数，可正可负
16	采样时间（Ts）	实数	单位为 s，必须是正数

偏移地址	名　　称	数据类型	说　　明
20	采样时间（Ti）	实数	单位为 min，必须是正数
24	微分时间（Td）	实数	单位为 min，必须是正数
28	积分项前值（MX）	实数	必须在 0.0～1.0 之间
32	过程变量前值（PVn－1）	实数	必须在 0.0～1.0 之间

2. 回路输入输出变量的数值转换方法

设定的温度是给定值 SP，需要控制的变量是炉子的温度。但它不完全是过程变量 PV，过程变量 PV 和 PID 回路输出有关。经过测量的温度信号被转化为标准信号温度值才是过程变量，所以，这两个数不在同一个数量值，需要它们作比较，因此必须先作数据转换。传感器输入的电压信号经过 EM235 转换后，是一个整数值，但 PID 指令执行的数据必须是实数型，所以需要把整数转化成实数，使用指令 DTR 即可。如本项目中，是从 AIW0 读入温度被传感器转换后的数字量。其转换程序如下：

```
MOVW AIW0 AC0
DTR AC0 AC0
MOVR AC0 VD100
```

3. 实数归一化处理

因为 PID 中除了采样时间和 PID 的三个参数外，其他几个参数都要求输入或输出值 0.0～1.0 之间，所以，在执行 PID 指令之前，必须把 PV 和 SP 的值作归一化处理。使它们的值都在 0.0～1.0 之间。单极性的归一化的公式：

$$R_{noum} = \frac{R_{raw}}{32000}$$

4. PID 参数整定

PID 参数整定方法就是确定调节器的比例系数 P、积分时间 T_i 和微分时间 T_d，改善系统的静态和动态特性，使系统的过渡过程达到最为满意的质量指标要求。一般可以通过理论计算来确定，但误差太大。目前，应用最多的还是工程整定法：经验法、衰减曲线法、临界比例带法和反应曲线法。

经验法又称现场试凑法，它不需要进行事先的计算和实验，而是根据运行经验，利用一组经验参数，根据反应曲线的效果不断地改变参数，对于温度控制系统，工程上已经有大量的经验，其规律见表 4 - 6。

表 4 - 6　　　　　　　　　　　　温度控制器参数经验数据

被控变量	规律的选择	比例度	积分时间/min	微分时间/min
温度	滞后较大	20～60	3～10	0.5～3

根据反复的试凑，调处比较好的结果是 $P=15$，$I=2.0$，$D=0.5$。

（二）S7 - 200 程序设计流程图

该控制系统的主程序、子程序 0 和中断程序的设计流程图如图 4 - 4 所示。

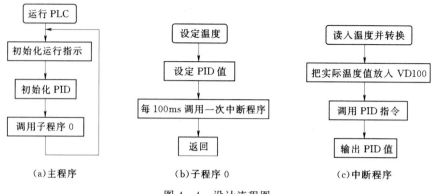

(a) 主程序　　　　　　　(b) 子程序 0　　　　　(c) 中断程序

图 4-4　设计流程图

(三) 内存地址分配与 PID 指令回路表

1. 内存地址分配表

内存地址分配见表 4-7。

表 4-7　　　　　　　　　　　　内 存 地 址 分 配

地　　　址	说　　　明
VD0	实际温度存放
VD4	设定温度存放
VD30	实际温度的存放

2. PID 指令回路表

PID 指令内存地址分配见表 4-8。

表 4-8　　　　　　　　　　　PID 指令内存地址分配

地　　址	名　　称	说　　明
VD100	过程变量 (PVn)	必须在 0.0～1.0 之间
VD104	给定值 (SPn)	必须在 0.0～1.0 之间
VD108	输出值 (Mn)	必须在 0.0～1.0 之间
VD112	增益 (Kc)	比例常数, 可正可负
VD116	采样时间 (Ts)	单位为 s, 必须是正数
VD120	采样时间 (Ti)	单位为 min, 必须是正数
VD124	微分时间 (Td)	单位为 min, 必须是正数
VD128	积分项前值 (MX)	必须在 0.0～1.0 之间
VD132	过程变量前值 (PVn-1)	必须在 0.0～1.0 之间

(四) S7-200 程序设计梯形图

1. 初次上电 (图 4-5)

(1) 读入模拟信号, 并把数值转化显示锅炉的当前电压。

(2) 判断炉温是否在正常范围, 打亮正常运行指示灯/温度越上限报警指示灯。

2. 启动/停止阶段 (图 4-6)

(1) 启动过程。按下启动按钮后, 开始标志位 M0.1 置位, M0.2 复位。打开运行指示灯 Q0.0, 熄灭并停止指示灯初始化 PID。开始运行子程序 0。

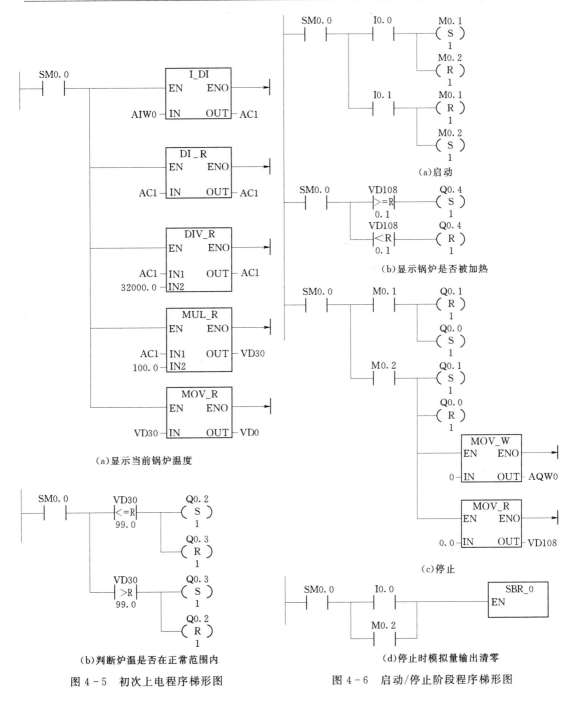

（a）显示当前锅炉温度

（b）判断炉温是否在正常范围内

图 4-5 初次上电程序梯形图

（a）启动

（b）显示锅炉是否被加热

（c）停止

（d）停止时模拟量输出清零

图 4-6 启动/停止阶段程序梯形图

（2）停止过程。按下停止按钮后，开始标志位 M0.1 复位，点亮停止指示灯，熄灭运行指示灯。并把输出模拟量 AQW0 清零，停止锅炉继续加热。停止调用子程序 0，仍然显示锅炉温度。

停止时模拟量输出清零，防止锅炉继续升温。

调用子程序。

3. 子程序（图 4 - 7）

（1）输入设定温度。

（2）把设定温度、P 值、I 值、D 值都导入 PID。

（3）每 100ms 中断一次子程序进行 PID 运算。

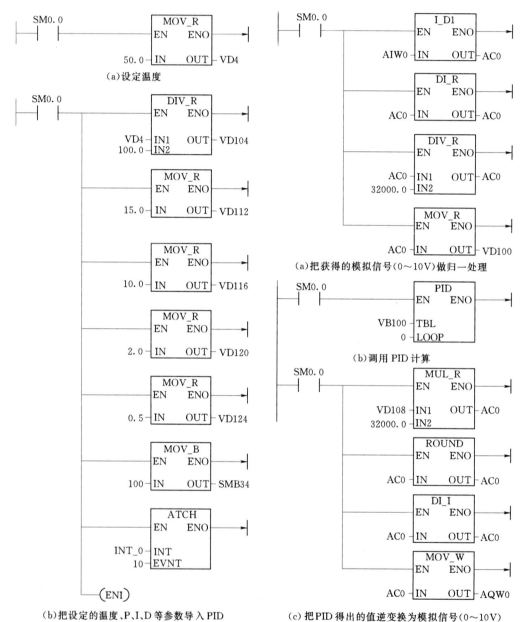

（a）设定温度

（b）把设定的温度、P、I、D 等参数导入 PID

图 4 - 7　子程序梯形图

（a）把获得的模拟信号（0～10V）做归一处理

（b）调用 PID 计算

（c）把 PID 得出的值逆变换为模拟信号（0～10V）

图 4 - 8　中断程序梯形图

中断程序。

4. 中断程序，PID 的计算（图 4 - 8）

（1）模拟信号的采样处理，归一化导入 PID。

（2）PID 程序运算。

（3）输出 PID 运算结果，逆转换为模拟信号。

拓展知识　PID 控制算法

带 PID 控制器的闭环控制系统框图如图 4-9 所示。PID 控制器可调节回路输出，使系统达到稳定状态。

偏差 $e(t)$ 和输入量 $r(t)$、输出量 $c(t)$ 的关系如下

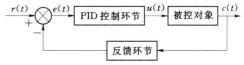

$$e(t) = r(t) - c(t)$$

图 4-9　闭环控制系统框图

控制器的输出为

$$u(t) = K_p \left[e(t) + \frac{1}{T_i} \int_0^1 e(t)\,\mathrm{d}t + T_d \frac{\mathrm{d}e(t)}{\mathrm{d}t} \right]$$

其中　$u(t)$——PID 回路输出；

　　　K_p——比例系数 P；

　　　T_i——积分系数 I；

　　　T_d——微分系数 D。

PID 调节的传输函数为

$$D(s) = \frac{U(s)}{E(s)} = K_p \left(1 + \frac{1}{T_i S} + T_d S \right)$$

数字计算机处理这个函数关系式，必须将连续函数离散化，对偏差周期采样后，计算机输出值。模拟与离散化的规律见表 4-9。

表 4-9　　　　　　　　　　　　模拟与离散化的规律

模拟形式	离散化形式
$e(t) = r(t) - c(t)$	$e(n) = r(n) - c(n)$
$\dfrac{\mathrm{d}e(t)}{\mathrm{d}T}$	$\dfrac{e(n) - e(n-1)}{T}$
$\displaystyle\int_0^t e(t)\,\mathrm{d}t$	$\displaystyle\sum_{i=0}^{n} e(i)T = T\sum_{i=0}^{n} e(i)$

所以 PID 输出经过离散化后，它的输出方程为

$$u(n) = K_p \left\{ e(n) + \frac{T}{T_i} \sum_{i=0}^{n} e(i) + \frac{T_d}{T} [e(n) - e(n-1)] \right\}$$

$$= u_p(n) + u_i(n) + u_d(n) + u_0$$

式中　$u_p(n)$——比例项，$u_p(n) = K_p e(n)$；

　　　$u_i(n)$——积分项，$u_i(n) = K_p \dfrac{T}{T_i} \sum_{i=0}^{n} e(i)$；

　　　$u_d(n)$——微分项，$u_d(n) = K_p \dfrac{T_d}{T} [e(n) - e(n-1)]$。

上式中，积分项是包括第一个采样周期到当前采样周期的所有误差的累积值。计算

中，没有必要保留所有的采样周期的误差项，只需要保留积分项前值，计算机的处理就是按照这种思想。故可利用 PLC 中的 PID 指令实现位置式 PID 控制算法量。

能力检测

（1）谈谈你对 PID 控制的认识，说出三个参数在控制系统中各自的作用。

（2）列举出 PID 参数的整定方法。

（3）对给出的参考程序进行优化。

项目五　PLC 监 控 系 统

项目分析

随着工业自动化的发展，PLC 与 PLC、PLC 与计算机以及 PLC 与其他智能设备之间的通信在工业中的应用越来越广泛。在现代工业控制中，通常利用 PLC 设备与触摸屏，PLC 与上位机组成监控系统来实现数据采集与管理、远程控制等。PLC 通信及网络技术、组态技术是构成基于 PLC 监控系统的基础。本项目通过完成 PLC 组网通信，PLC、触摸屏及 MCGS 组态和变频器综合控制系统任务使学生掌握基于可编程控制器的监控系统技术。

项目目标

掌握 PLC 通信及网络技术、变频器技术、触摸屏技术、组态软件和监控系统，特别是对 S7 - 200PLC 之间的 PPI 通信技术、PROFIBUS - DP 网络和以太网技术的学习；掌握基于触摸屏和组态软件的监控系统设计技术；掌握变频器的使用技术。

任务一　PLC 通 信 与 网 络

PLC 通信与网络任务下主要解决两台 PLC 之间通过 PPI 通信方式传输数据应用问题；解决构建西门子 PLC PROFIBUS - DP 网络应用问题。

子任务一　两台 PLC 通信控制

任务目的

掌握两台 PLC 之间通信的方法；熟悉 PLC 的通信功能模块及网络基础知识。

任务描述

现今的 PLC 都具有强大的网络通信功能，不仅能组建成各种类型开放式大型自动化网络，还能实现在现场控制的小型数据连接网络。例如，两台独立运行的电梯，可以毫不相干，各自运行；也可以采用联网的方式将两台 PLC 连接起来，互通数据，各自知道对方的运行状态与位置，这样可以合理地调度两台电梯，对乘客进行及时应答，减少乘客等待时间，降低电梯运行损耗。下面设计一个两台 PLC 通信控制系统，要求如下：

（1）用两台西门子 S7 - 200 系列 PLC 连接成一个网络，一台为主站，另一台为从站。

（2）按下从站的启动按钮 SB1，主站 LED1 指示灯亮（绿色），按主站停止按钮 SB5 熄灭 LED1；按下主站启动按钮 SB2，从站 LED2 指示灯亮（红色），在从站 LED2 点亮后，按从站停止按钮 SB6 熄灭 LED2。

（3）按下从站计数按钮 SB3，主站开始计数，当计数器计到 5 次时，主站 LED3 点亮（黄色）；按下主站复位按钮 SB4，计数器复位，LED3 熄灭。

针对以上任务，进行如下分析。

一、功能分析

现今的 PLC 都具有强大的网络通信功能，其不仅能组建成各种类型开放式大型自动化网络，还能实现在现场控制的小型数据连接网络。本项目的主要任务是实现两台 PLC 之间的通信。在系统实现过程中，主要涉及 PPI 通信，因此，学会设置 PLC 内置的通信协议以及硬件的接线是本任务的关键。

二、电路分析

整个电路的总控制环节可以采用安装方便的空气断路器（空气开关）、两台 S7 - 200PLC、PPI 通信电缆完成两台 PLC 的连接，PC/PPI 通信电缆完成 PC 和 PLC 之间的连接。

知识链接　西门子 PLC 的 PPI 通信

一、通信口设置

西门子 S7 - 200 PLC 中的 SMB30 和 SMB130 为自由端口控制寄存器。其中 SMB30 控制自由端口 0 的通信方式，SMB130 控制自由端口 1 的通信方式。我们可以对 SMB30、SMB130 进行读、写操作，这些字节设置自由端口通信的操作方式，并提供自由端口或者系统所支持的协议之间的选择。

Msb7　　　　　　　　　　　　　　　　Lsb0

p	p	d	b	b	b	m	m

图 5 - 1　SMB30 和 SMB130 寄存器各位名称

SMB30 和 SMB130 自由口控制寄存器格式及各位的名称如图 5 - 1 所示。

SMB30 和 SMB130 自由口控制寄存器格式及各位的定义及取值见表 5 - 1。

表 5 - 1　　　　　　　　　　SMB30 和 SMB130 寄存器各位取值及定义表

寄存器各位	取值及定义
p p	校验选择：00＝不校验；01＝偶校验；10＝不校验；11＝奇校验
d	字符数据：0＝每个字符 8 位；1＝每个字符 7 位
b b b	通信速率：000＝38400bit/s；001＝19200bit/s；010＝9600bit/s；011＝4800bit/s；100＝2400bit/s；101＝1200bit/s；110＝115.2kbit/s；111＝57.6kbit/s
m m	协议选择：00＝PPI/从站模式；01＝自由口模式；10＝PPI/主站模式；11＝保留

执行如图 5 - 2 所示程序，其作用是将 PLC 的自由端口 0 的通信方式设置为 "PPI/主站模式"，校验选择为 "不校验"，字符数据为 "每个字符 8 位"，通信速率为 38400bit/s。

二、网络读写指令使用

网络读写指令 NETR/NETW，用于在西门子 S7 - 200 PPI 网络中的各 CPU 之间的少量数据通信。网络读写指令只能由在网络中充当 PPI 主站的

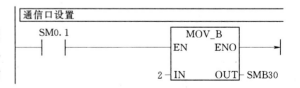

图 5 - 2　通信口通过 SMB30 设置程序图

CPU 执行，从站 CPU 不必专门编译通信程序，只须将和主站通信的数据放入数据缓冲区即可；此种通信方式中的主站 CPU 可以对 PPI 网络中其他任何 CPU 进行网络读写操作。

（1）NETR 指令。网络"读"指令，用于主站 CPU 通过指定的通信口从从站 CPU 中指定的数据区读取以字节为单位的数据，存入本站 CPU 中指定地址的数据区中，读取的最大数据量为 16 个字节。

（2）NETW 指令。网络"写"指令，用于主站 CPU 通过指定的通信口将本站 CPU 指定地址的数据区中的以字节为单位的数据写入从站 CPU 中指定的数据区中，写入的最大数据量为 16 个字节。

如图 5-3（a）所示，此段程序的作用是将从站 VW100 中的数据读至本站中的

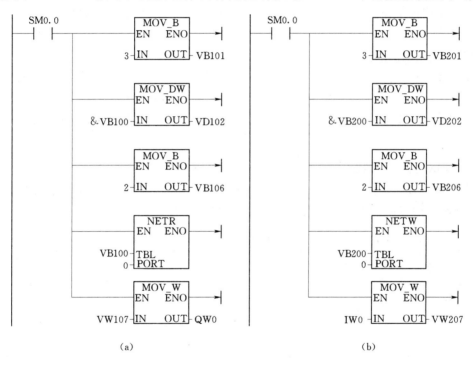

(a)

(b)

图 5-3　网络读写指令程序图

VW100 中；进而写入 QW0 中；如图 5-3（b）所示，此段程序的作用是将本站中的 VW200 中的数据写至从站 VW200 中，进而将本站中的 IW0 写入从站中的 VW200 中。

三、程序流程图

PLC 之间通过 PPI 方式进行通信传输数据时，其传输数据的流程如图 5-4 所示，首先定义通信口，即对 SMB30 和 SMB130 赋值；然后装载通信地址、伙伴通信区和数据长度，数据交换在伙伴通信区完成；最后通过主站读写伙伴通信区寄存器数据实现数据传输。

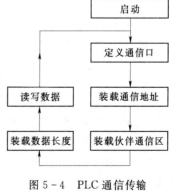

图 5-4　PLC 通信传输
数据流程图

任务实施

一、确定 PLC 输入 / 输出及所需 I/O 点数

根据项目要求及功能分析情况可知，本项目没有复杂的主电路，控制对象也仅为指示灯，因此本电路相对简单。但是，由于本项目是两台 PLC 之间的通信，所以用 PPI 电缆直接连接，通过设置通信协议及编写通信程序来实现功能。

（一）确定输入点数

根据项目任务的描述，主站需要一个启动按钮、一个停止按钮和一个复位按钮，所以一共有三个输入信号，即输入点数为 3，需 PLC 的 3 个输入端子。从站同样需要一个启动按钮、一个停止按钮和一个计数按钮，所以同样有三个输入信号，即输入点数为 3，需 PLC 的 3 个输入端子。

（二）确定输出点数

由功能分析可知，主站只有两个 LED 需要 PLC 驱动，所以只需要 PLC 的两个输出端子。从站只有一个 LED 需要 PLC 驱动，所以只需要 PLC 的一个输出端子。

根据 I/O 点数，可以选择对应的 PLC 的型号，一般实训装置上的 PLC 完全能满足需要。

二、PLC 的 I/O 地址分配

根据确定的点数和具体选择的 PLC 类型，主站和从站输入/输出地址分配见表 5-2 和表 5-3，这是进行 PLC 安装接线图设计及程序设计的基础。

表 5-2　　　　　　　　　　　　主 站 I/O 地 址 表

输　　　入			输　　　出		
输入设备	PLC 输入地址	作用	输出设备	PLC 输出地址	作用
SB2	I0.0	启动	LED1	Q0.0	主站启动指示
SB4	I0.1	复位	LED3	Q0.1	主站计数 5 次指示
SB5	I0.2	停止			

表 5-3　　　　　　　　　　　　从 站 I/O 地 址 表

输　　　入			输　　　出		
输入设备	PLC 输入地址	作用	输出设备	PLC 输出地址	作用
SB1	I0.0	启动	LED2	Q0.0	从站启动指示
SB3	I0.1	计数			
SB6	I0.2	停止			

三、PLC 网络结构图及 PLC 安装接线图设计与绘制

（一）网络结构图绘制

用 PC/PPI 通信电缆将装有 STEP7 - MicroWIN 软件的计算机同 S7 - 200PLC 相连，完成主站和从站 PLC 程序的下载；用 PPI 总线电缆将主站和从站的自由口进行连接，形成 PPI 通信的物理链路，其连接方式如图 5-5 所示。

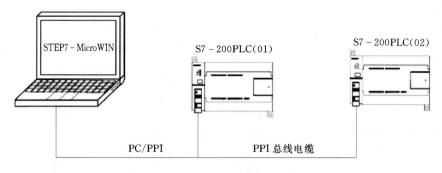

图 5-5 PLC 的 PPI 通信网络连接方式

（二）PLC 安装接线图绘制

PLC 安装接线图体现 PLC 系统中 I/O 设备同 PLC 系统的实际连接关系，用来获取外部设备的输入信息，控制外部执行器等外部设备动作。根据 I/O 地址分配表绘制主站和从站 PLC 安装接线图。两台 PLC 通信连接及其安装接线如图 5-6 所示。

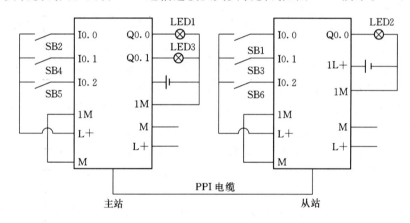

图 5-6 两台 PLC 通信连接及其安装接线图

四、程序设计

根据控制要求设计主站和从站的 PLC 程序：主站包括本地控制程序，PPI 通信的读写程序；从站包括本地控制程序，以及对特定存储区装载。

五、安装调试

（一）安装

根据系统的安装接线图，按照如下操作步骤安装电路：清点工具和仪表→选用元器件及导线→元器件检查（实训台上检查需要用到的元器件）→安装元器件（实训台上已固定）→布线→自检。

1. 清点工具和仪表

根据任务的具体内容，选择工具和仪表，放在固定位置。

2. 选用元器件及导线

选用元器件及导线，并用元器件清单列出来。

3．元器件检查

配备所需要元器件后，需要先进行元器件检测。检测主要包括两部分：外观检测和采用万用表检测。外观检测主要检测元器件外观有无损坏，元器件上所标注的型号、规格、技术参数是否符合要求，以及一些动作机构是否灵活，有无卡阻现象。

4．安装元器件

确定元器件完好后，就需要将元器件固定在配线板上（木板或不锈钢网孔板）。每个元器件按其操作要领安装，且按照电气元件布置图来安装。

（1）各个元器件的安装位置应该整齐、均匀，间距合理。

（2）紧固元器件应该用力均匀，元器件应该安装平稳，并且注意元器件的安装方向。

5．布线及接线

按照配线的工艺和具体要求对主电路和控制电路布线，按照其操作要领进行接线操作。具体的布线接线工艺要求如下：

（1）各电气元件接线端子引出导线的走向，以电器元件的水平中心线为界限，在水平中心线以上的接线端子引出线的导线，必须进入电器元件上面的行线槽；在水平中心线以下的接线端子引出线的导线，必须进入电器元件下面的行线槽。任何导线都不允许从水平方向进入行线槽。

（2）各电器元件接线端子上引入或引出的导线，除间距很小和电器元件机械强度很差允许直接架空敷设外，其他导线必须经过行线槽进行连接。

（3）进入行线槽内的导线要完全置于行线槽内，并应尽可能避免交叉，装线不得超过其容量的70％，以便能盖上行线槽盖和便于今后装配和维修。

（4）各个电器元件与行线槽之间的外露导线，应走线合理，并应尽可能做到横平竖直，变换走向要垂直。同一个电器原件上位置一致的端子引出或引入的导线，要敷设在同一平面上，并应做到高低一致或前后一致，不得交叉。

（5）所有接线端子、导线接线头都应套有与电路图上相应节点线号一致的编码套管，并按线号进行连接。

（6）一般一个接线端子只能连接一根导线，最多不超过两根导线，要严格按照连线的工序和工艺操作。

（7）导线与接线端子或接线柱连接时，不得压绝缘层，不反圈，露铜不过长。

6．自检

安装完成后，必须按要求进行检查。功能检查分为两种：

（1）按照电路图进行检查。对照电路图逐步检查是否错线、掉线，检查接线是否牢固定。

（2）使用万用表检测。将电路分成多个功能模块，根据电路原理使用万用表检查各个模块的电路，如果测量的阻值与正确的有差异，则应按（1）进行逐步排查，以确定最后错误点。万用表检查电路的过程按照表5－4所示进行。

（二）通电调试

验证系统功能是否符合控制要求。调试过程分两大步：程序输入PLC和功能调试。

（1）用菜单命令"在线"→"PLC写入"，下载程序文件到PLC。

表 5 - 4　　　　　　　　　　　　　　万用表检测电路过程对照表

测量过程				正确阻值	结果判断
工序	测量对象	测量步骤	操作方法		
1	测量电源电路	合上电源开关，接通熔断器，测量 L1、L2 两相之间的阻值	所有器件不动作	变压器一次绕组的阻值	
2	测量主、从站 PLC 输入电路	分别测量 PLC 电源输入端 L、N 之间的阻值	所有器件不动作	变压器一次绕组的阻值	
3		分别测量 PLC 电源输入端 L 与 M 之间的阻值	所有器件不动作	∞	
4		分别测量 PLC 公共端 M 与 I 之间的阻值	按下相应按钮	0	
5	测量主、从站 PLC 输入电路	分别测量 PLC 输出端点与公共端 L+ 的阻值	所有器件不动作	二次绕组与各指示灯阻值之和	

（2）功能调试。根据工作要求，按照工作过程和两台 PLC 连接及安装接线图（图 5 - 6）逐步检测功能是否符合要求。

1）按下从站的启动按钮 SB1，观察主站 LED1 指示灯（绿色）动作情况，如果此时指示灯亮，表明系统工作正常。

2）当 LED1 灯亮后，按主站停止按钮 SB5，观察 LED1 能否熄灭，如果能熄灭，则说明系统工作正常。

3）按从站计数按钮 SB3 进行计数输入，主站开始计数，当按钮 SB3 按第 3 次时，在正常情况下主站的 LED3（黄色）会点亮，如果按下的次数大于 3 或小于 3 次点亮，说明计数功能有问题；如果无论怎么按，LED3 都不能点亮，则说明系统工作不正常。

4）当计数功能正常后，按下主站的复位按钮 SB4，主站的 LED3 应熄灭，如果没熄灭，则说明系统工作不正常；如按下复位按钮后，LED3 是熄灭的，但是以前计的 3 次数不复位，则说明复位功能不正常。

（3）填写调试情况记录表。按表 5 - 5 模板填写调试情况。

表 5 - 5　　　　　　　　　　　　　　　调试情况登记表

序号	控制功能	完成情况记录			备　注
		第一次测试	第二次测试	第三次测试	
1	按下从站的启动按钮 SB1，主站 LED1（绿灯）亮	完成（　　）	完成（　　）	完成（　　）	
		无此功能（　　）	无此功能（　　）	无此功能（　　）	
2	当 LED1 亮时，按主站停止按钮 SB5，LED1 熄灭	完成（　　）	完成（　　）	完成（　　）	
		无此功能（　　）	无此功能（　　）	无此功能（　　）	

序号	控制功能	完成情况记录			备 注
		第一次测试	第二次测试	第三次测试	
3	按从站计数输入按钮 SB3，当按第 5 次时，主站的 LED3（黄灯）亮	完成（ ） 无此功能（ ）	完成（ ） 无此功能（ ）	完成（ ） 无此功能（ ）	
4	按下主机的复位按钮 SB4，正常复位	完成（ ） 无此功能（ ）	完成（ ） 无此功能（ ）	完成（ ） 无此功能（ ）	

注 根据功能完成情况在相应表格后面的（ ）内打√。

拓展知识 PLC 通信概述

一、PLC 通信网络简介

PLC 通信联网即 PLC 与计算机、PLC 与 PLC、PLC 与人机界面、PLC 与智能装置间通过信道连接起来，实现通信以构成功能更强、性能更好、信息流畅的控制系统。

联网是 PLC 通信的物质基础，交换数据是 PLC 通信的根本目的，以增强控制功能，实现信息化、智能化。PLC 通信联网的目的为：①实现 PLC 控制信息化、智能化；②扩大控制地域及增大控制规模；③实现系统的综合及协调控制；④实现人机界面的监控及管理；⑤简化系统布线、维修，并提高其工作的可靠性；⑥实现计算机监控与数据采集；⑦实现 PLC 编程与调试，并实现现场智能装置的控制与管理。

二、PLC 数据通信的类型

（一）按通信对象分

按通信对象分，PLC 数据通信的类型有 PLC 与计算机、PLC 与 PLC、PLC 与人机界面、PLC 与智能装置的通信。这些通信，在硬件上要使用网络；在软件上，要有相应的通信程序。

PLC 与 PLC 间的通信网络有很多，如 PLC 链接网、COMBOBUS 网等。以太网就是 PLC 与计算机间通信的典型网络。

（二）按传送方式分

按传送方式分，数据通信主要有并行通信和串行通信两种。

并行通信是以字节或字为单位的数据传输方式，传输速度快，但是在位数多、传输距离远时，通信线路复杂、成本高。该通信方式一般用于近距离数据传输。并行通信一般用于 PLC 内部模块之间的数据通信。

串行数据通信是以位为单位的数据传输方式，适用于距离较远的场合，但传输速率较慢。它一般用于传输距离长、低速度的场合。在串行通信中，传输速率常用比特率来表示，其单位为 bit/s。常用的标准传输速率有 300bit/s、600bit/s、1200bit/s、2400bit/s、4800bit/s、9600bit/s、12000bit/s 等。

串行数据通信按信息在设备间的传送方向又分为单工、双工通信两种方式。单工通信方式只能沿单一方向发送或接收数据，双工通信方式可沿两个方向传送，每一个站既可以发送数据，也可以接收数据。双工通信又可分为全双工和半双工两种方式，通信的双方能在同一时刻接收和发送信息，称为全双工方式；通信的双方在同一时刻只能发送数据或接收数据，这种方式称为半双工方式。

按同步方式的不同，串行通信又可分为异步通信和同步通信。异步通信发送的数据字符由 1 个起始位、7～8 个数据位、1 个奇偶校验位和 1 个停止位组成。同步通信方式以字节为单位，每次传送 1～2 个同步字符、若干个数据字节和校验字符。

三、PLC 通信接口标准

（一）RS232C

RS232C 接口标准是目前计算机和 PLC 中最常用的一种串行通信标准。RS232C 采用负逻辑，用 $-15～-5V$ 表示逻辑"1"，用 $5～15V$ 表示逻辑"0"。RS232C 应用较广，但也存在以下不足：

（1）传输速率较低，最高传输速率为 20kbit/s。

（2）传输距离较短，最大通信传输距离为 15m。

（3）接口的信号电平值较高，易损坏接口电路的芯片，又因为与逻辑电平不兼容，故需要使用电平转换电路才能与 TTL 电路连接。

（二）RS422

RS422 是针对 RS232C 的不足，对 RS232C 的电气特性做了改进后的接口标准。RS422 在最大传输速率 10Mbit/s 时，允许的最大通信距离为 12m。传输速率为 100kbit/s 时，最大通信距离为 1200m。

（三）RS485

RS485 是 RS422 的变形，它是全双工的，两对平衡差分信号线分别用于发送和接收，所以采用 RS485 接口通信时最少需要 4 根线。RS485 接口具有良好的抗干扰性、高传输速率、长传输距离和多站能力等优点，所以应用广泛。

能力检测

（1）设计主站和从站的 PLC 程序。

（2）对整个项目的完成情况进行评价和考核，具体评价规则见附录 1。

子任务二　组建 PROFIBUS – DP 网络

任务目的

熟悉 PROFIBUS 网络；掌握 PC 机与西门子 S7 - 200PLC 之间 PROFIBUS – DP 网络通信的组态方法。

任务描述

计算机通过 PROFIBUS – DP 网络，利用 STEP7 软件完成对 PLC 进行下载程序、程序监视、数据修改等任务。

要想计算机通过 PROFIBUS – DP 网络，利用 STEP7 软件完成对 PLC 进行下载程序、程序监视、数据修改等任务。首先要搭建 PROFIBUS – DP 网络的硬件结构，建立起计算机和 PLC 之间的 PROFIBUS – DP 网络通信；然后通过 STEP7 软件完成对 PLC 进行下载程序、程序监视、数据修改。

知识链接　PROFIBUS 简介

PROFIBUS 是 Process Field Bus（过程现场总线）的简称。1991 年 4 月在 DIN19245 中发表，并正式成为德国现场总线标准。而后又列入了欧洲标准 EN50170。PROFIBUS 得到了广泛的支持，已广泛应用在加工工业、过程自动化、智能楼宇、变电站自动化系统等领域 PROFIBUS 在电力系统已获得广泛应用。它具有三种类型或三种协议：PROFI-BUS－FMS/DP/ PA。分别适用不同的场合。

1. PROFIBUS－FMS

体系结构参照 OSI 参考模型的第 1 层、第 2 层、第 7 层，并针对自身特点作了改进，增加了应用层接口。PROFIBUS－FMS 主要用于一般自动化，其主要性能如下：

（1）传输方式 EIA RS－485。

（2）传输速率 9.6k～12Mbit/s。

（3）传输介质有双绞线，光纤。

（4）传输距离为双绞线 100～1200m（取决于传输速率），最多 9 个中继器（Repeater）可扩展到 1000～12000m，光纤 23.8km。

（5）拓扑结构有总线型、星型、环型。

（6）节点数最多 127 个。

（7）截至访问控制方式有令牌方式、主—从方式、混合方式（多个主站之间为令牌方式，主站与从站之间为主—从方式）。

2. PROFIBUS－DP

PROFIBUS－DP 体系结构参照 OSI 参考模型第 1 层和第 2 层。并针对自身特点作了改进，增加了用户接口。PROFIBUS－DP 主要用于加工自动化，适用于分散的外围设备。其基本性能与 PROFIBUS－FMS 类似。PROFIBUS－DP 和 PROFIBUS－FMS 可以共享同一条总线，实现混合操作。

3. PROFIBUS－PA

PROFIBUS－PA 物理层符合 IEC 1158－2 国际标准（HI）和 EIA RS－485 国际标准（H2）。HI 传输速率为 31.25kbit/s，通过总线供电，具备本质安全。PROFIBUS－PA 主要用于过程自动化，如化工、炼油、发电等连续过程自动化。

PROFIBUS 引入了功能模块的概念，不同的应用需要使用不同的模块。在一个确定的应用中，按照 PROFIBUS 规范来定义模块，写明其硬件和软件的性能，规范设备功能与 PROFIBUS 通信功能的一致性。

将现场总线技术应用于变电站自动化系统中，完全可满足变电站现场快速、高效的数据通信要求，使系统更可靠、更开放，成本更低，大大地提高水电站等自动化系统的整体水平。

PROFIBUS 是一个令牌网络，一个网络中存在若干被动节点（从站），而它的逻辑令牌只含有一个主动节点（主站），这样的网络即为"纯主—从"网络。

EM277 模块是配套 S7－200 系列 PLC，使其接入至 PROFIBUS－DP 网络中的一种智能扩展模块。其上的 RS485 接口可运行于 9600Band 到 12M Band 之间的任何 PROFI-BUS 波特率。作为从站设备，EM277 模块接收从主站来的多种不同的 I/O 组态，向主站发送和接收不同数量的数据。西门子 EM277 模块外形图如图 5-7 所示。

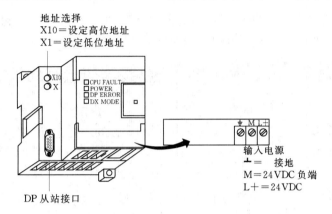

图 5-7 西门子 EM277 模块外形图

任务实施

一、绘制网络结构图

西门子 PROFIBUS-DP 网络结构图如图 5-8 所示。

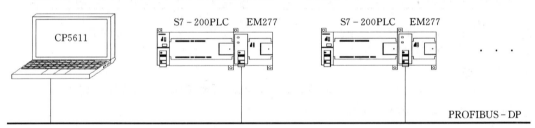

图 5-8 西门子 PROFIBUS-DP 网络结构图

二、硬件连接及设置

（1）利用 PROFIBUS 总线电缆连接各个 EM277 模块及上位机中的 CP5611 网卡，将最后一个网络连接器的终端电阻拨至 ON 状态，西门子 PLC EM277 模块终端电阻示意图如图 5-9 所示。

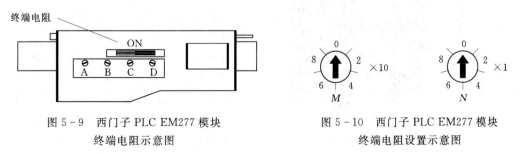

图 5-9 西门子 PLC EM277 模块
终端电阻示意图

图 5-10 西门子 PLC EM277 模块
终端电阻设置示意图

（2）用一字螺丝刀将各站点 EM277 通信模块的站地址分别设置为 3、4、……，注意地址值＝$M×10＋N×1$，如图 5-10 所示。

三、通信访问

（1）打开 STEP7 软件，新建项目，单击"设置 PG/PC 接口"按钮，设置 PC 机与 PLC 的通信方式，选择"CP5611（PROFIBUS）"通信方式，如图 5-11 所示。

图 5-11 STEP7 软件中设置
PG/PC 接口位置图

图 5-12 西门子 PROFIBUS
网络通信诊断结果图

（2）单击"诊断"按钮，对通信状态进行诊断，如果通信状态正常，则 CP5611 网卡能找到网络中的各个站点，如图 5-12 所示。

拓展知识 西门子 PLC 以太网通信

西门子通过 SIMATIC NET 提供了开放的、适用于工业环境下各种控制级别的不同的通信系统。这些通信系统均基于国家和国际标准，符合 ISO/OSI 网络参考模型。

EM243-1 以太网络通信模块是用于将西门子 S7-200 系列 PLC 接入至西门子工业以太网络的通信处理器。通过以太网络，我们可以利用 STEP7 软件完成对 S7-200PLC 进行远程编程、组态、下载、监视、诊断等操作。S7-200PLC 可以通过以太网络同其他 S7-200/300/400PLC 及 OPC 服务器进行数据通信。西门子 EM243-1 模块外形如图 5-13 所示。

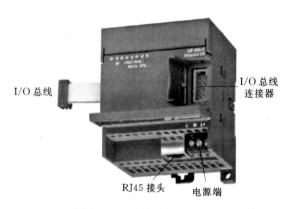

图 5-13 西门子 EM243-1
模块外形图

一、制作以太网通信的 **RJ45 电缆**

RJ45 电缆有两种连接方式，即交叉连接和直通连接。交叉连接用于网卡之间或集线器之间的直接连接；直通连接用于网卡与集线器之间或网卡与交换机之间的连接。电缆连接方式如图 5-14 所示。

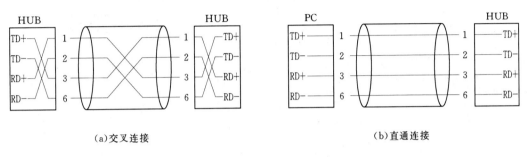

（a）交叉连接 　　　　　　　　　　　　　　　（b）直通连接

图 5-14　RJ45 电缆连接方式

由图 5-13 可知，CP243-1 通信模块、PC 机与 HUB 之间应为直通连接；两台 CP243-1 之间应为交叉连接。

二、组态网络

1. 设定 PC 机 IP 地址

打开网络邻居，查看本地连接属性，"Internet 协议（TCP/IP）"，在弹出的对话框中选择对该 PC 机的 IP 地址（192.168.1.1）及其他通信参数（255.255.255.0）进行设置。TCP/IP 协议设置如图 5-15 所示。

图 5-15　TCP/IP 协议设置

2. 利用以太网向导创建通信组态

（1）打开"STEP7 V4.0"软件，用 PC/PPI 通信协议通信 PLC，双击刷新选中刷出 PLC，单击确认，如图 5-16 所示。

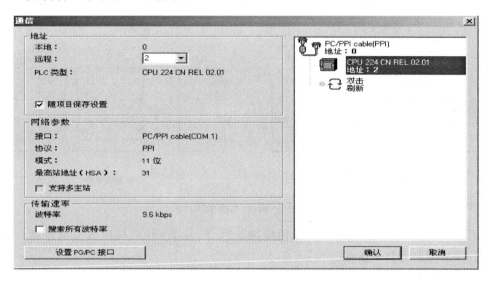

图 5-16　PC 通过 PC/PPI 通信 PLC 图

（2）选择"工具/以太网向导"下拉菜单选项，打开以太网向导对话框，如图 5-17 所示。

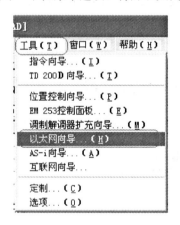

图 5-17　以太网通过向导对话框 1

（3）单击"下一步"如果当前在线网络中连接有正常工作的 EM243-1 通信模块，则可选择"读取模块"，对所连接的 EM243-1 通信模块进行在线读取；双击读取的 CP243-1，单击"下一步"；如未有连接的模块，则直接单击"下一步"即可，如图 5-18 所示。

（4）在此对话框中可设置 EM243-1 通信模块的 IP 地址、子网掩码、网关地址、模块连接类型等通信信息。注意在此处填写的 IP 地址（192.168.1.2）和子网掩码（255.255.255.0）要与 PC 机设置相对应。其他默认设置即可，如图 5-19 所示。

（5）直接单击"下一步"，把该模块设置为"服务器（SERVER）"并接受所有连接，如图 5-20 所示。

图 5-18 以太网通过向导对话框 2

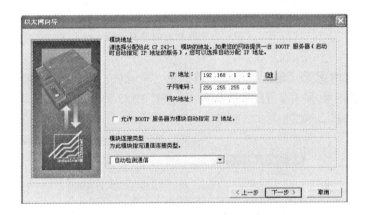

图 5-19 以太网通过向导对话框 3

图 5-20 以太网通过向导对话框 4

（6）直接单击"下一步"，直至完成整套通信设置，单击"完成"按钮，退出设置对话框，完成对模块的通信设置，如图 5-21 所示。

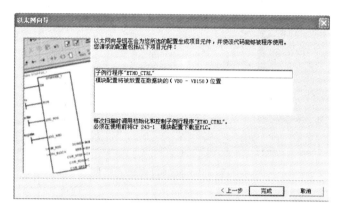

图 5-21　以太网通过向导对话框 5

（7）将其以太网配置（包括程序块、数据块、系统块）用 PC/PPI 通信线下载至 PLC 中，把 PLC 主机断电保存。打开"设置 PG/PC 接口"属性窗口，把通信协议改为"TCP/IP"，单击确认，如图 5-22 所示。

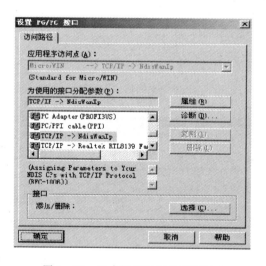

图 5-22　以太网通过向导对话框 6

（8）此时，即可通过一台 PC 机对以太网络中的各个 PLC 进行访问，注意各个 PLC 的地址必须设置为唯一的地址。

能力检测

（1）组建西门子 PLC 的 PROFIBUS-DP 网络。

（2）组建西门子 PLC 的以太网，并进行数据传输。

任务二 PLC、触摸屏、变频器综合控制系统

任务目的

熟练掌握 PLC 控制系统安装及布线工艺；掌握变频器的功能和工作原理以及参数意义，熟悉变频器参数设置和变频器的使用；掌握触摸屏画面设计与 PLC 通信方法；熟练使用 Micro WIN 编程软件完成编程、调试及监控。

任务描述

变频器，也称变频调速器，它通过改变频率来控制电机速度。变频调速的特点是无级调速，启停平稳，加减速平稳，没有冲击。变频器主要有以下两方面的应用：

（1）节能。主要是风机水泵类负载，采用变频器后比直接运行电网省电，省电比率可达到 50％以上，具体节能效果与电机运行的工艺有关。电机经常运行在低速度时能大量节能。

（2）工艺要求。在电力、石油、化工、纺织、冶金、建材和煤炭等行业，有的工艺不允许电机直接启动，需要由变频器调速和协调工作才能满足工艺要求。在冶金行业需要采用变频器的电机大概达到 70％。

本任务采用西门子变频器控制一台三相异步电动机的启停，并进行速度控制。具体的控制要求如下。

（1）变频器参数设置。变频器加减速斜坡时间设置为 2.5s，通过变频器 STF 端子启动变频器，2、5 脚模拟量端子对变频器进行调速控制。

（2）PLC 控制程序具有启动、停止、频率设定功能，通过触摸屏界面进行操作。

在触摸屏传送监控界面中，点击频率增加或减少按钮，变频器频率在 0～50Hz 变化；按下"启动"按钮，变频器启动运行，按下"停止"按钮，变频器停止运行。

（3）系统采用 Smart 700 触摸屏，打开 WinCC flexible 2008 软件，制作两个界面。

1）界面一。主界面，制作两个画面切换元件并有相关文字说明，进入变频传送。

2）界面二。变频传送监控界面，制作五个按钮元件和一个数值显示元件并有相应的文字说明。其中，两个按钮元件用于控制变频器的启动、停止，两个按钮用于变频器频率的增加与减少，一个按钮元件用于返回主界面；一个数值显示元件用于显示范围 0～50Hz 的变频器频率。

知识链接 变频器和触摸屏的使用

一、变频器的使用

（一）变频器操作面板

三菱 FR－D700 变频器面板组成部分及作用如图 5－23 所示。

（1）运行模式显示：PU 模式，外部运行 EXT 模式，网络运行 NET 模式。

（2）单位显示：可以显示频率单位 Hz，电流单位 A。

（3）4 位 LED 监视器：可以显示频率、电流、参数编号等信息。

（4）M 旋钮：用于频率、参数等的设定。

（5）MODE 模式切换按钮：同 PU/EXT 一起使用，切换运行模式。

（6）PU/EXT 健：用于切换 PU 和外部运行模式。

（7）SET 健：用于各种设定的确认。

（8）指示灯指示：①运行状态显示指示灯，分为亮灯（表示正转运行中）、缓慢闪烁（表示反转运行中）等；②参数设定模式指示灯；③监视器模式指示灯。

（9）RUN 健：启动运行。

（10）STOP/RESET 健：停止运行。

操作面板不能从变频器上拆下。

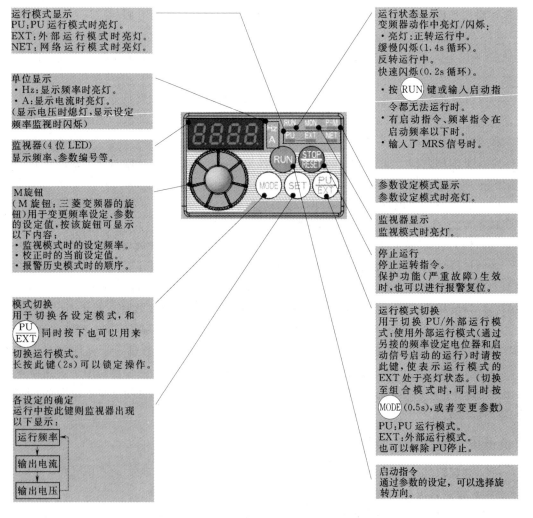

图 5-23　三菱 FR-D700 变频器面板介绍图

（二）基本操作一般流程

三菱 FR-D700 变频器参数设置一般步骤如图 5-24 所示。

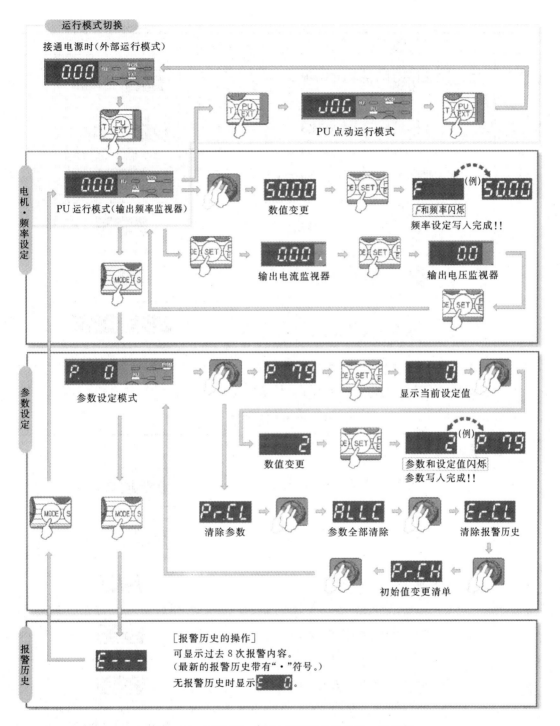

图 5-24　三菱 FR-D700 变频器参数设置一般步骤

（三）主要功能的面板操作

（1）改变参数 P.7，如表 5-6 所示。

表 5 - 6　　　　　　　　　　　　　　　　**P. 7 参 数 设 置 表**

	操作步骤	显示结果
1	按 (PU EXT) 键，选择 PU 操作模式	PU 显示灯亮。 `0.00` PU
2	按 (MODE) 键，进入参数设定模式	PRM 显示灯亮。 `P 0` PRM
3	拨动 设定用旋钮，选择参数号码 P. 7	`P 7`
4	按 (SET) 键，读出当前的设定值	`30`
5	拨动 设定用旋钮，把设定值变为 10	`40`
6	按 (SET) 键，完成设定	`40` `P 7` 闪烁

（2）改变参数 P. 160，如表 5 - 7 所示。

表 5 - 7　　　　　　　　　　　　　　　　**参 数 P. 160 设 置 表**

	操作步骤	显示结果
1	按 (PU EXT) 键，选择 PU 操作模式	PU 显示灯亮。 `0.00` PU
2	按 (MODE) 键，进入参数设定模式	PRM 显示灯亮。 `P 0` PRM
3	拨动 设定用旋钮，选择参数号码 P. 160	`P 160`
4	按 (SET) 键，读出当前的设定值	`0`
5	拨动 设定用旋钮，把设定值变为 1	`1`
6	按 (SET) 键，完成设定	`1` `P 160` 闪烁

（3）参数清零，如表 5 - 8 所示。

表5-8   参 数 清 零 设 置 表

	操作步骤	显示结果
1	按 (PU/EXT) 键，选择 PU 操作模式	PU 显示灯亮。 `000` PU
2	按 (MODE) 键，进入参数设定模式	PRM 显示灯亮。 `P. 0` PRM
3	拨动 设定用旋钮，选择参数号码 ALLC	`ALLC` 参数全部清除
4	按 (SET) 键，读出当前的设定值	`0`
5	拨动 设定用旋钮，把设定值变为1	`1`
6	按 (SET) 键，完成设定	`1 ALLC` 闪烁

注　无法显示 ALLC 时，将 P.160 设为"1"，无法清零时将 P.79 改为1。

（4）用操作面板设定频率运行，如表5-9所示。

表5-9   操作面板设定频率设置表

	操作步骤	显示结果
1	按 (PU/EXT) 键，选择 PU 操作模式	PU 显示灯亮。 `000` PU
2	旋转 设定用旋钮，把频率该为设定值	`5000` 闪烁约5s
3	按 (SET) 键，设定值频率	`5000` ⟷ `F` 闪
4	闪烁3s后显示回到0.0，按 (RUN) 键运行	⬇3s后 `000` → `5000`
5	按 (STOP/RESET) 键，停止	`5000` → `000`

注　按下设定按钮，显示设定频率 。

（5）查看输出电流，如表5-10所示。

表5-10   输 出 电 流 查 看 表

	操作步骤	显示结果
1	按 (MODE) 键，显示输出频率	`5000`
2	按住 (SET) 键，显示输出电流	`100` A灯亮
3	放开 (SET) 键，回到输出频率显示模式	`5000`

二、触摸屏的使用

(一) 功能描述

人机界面是在操作人员和机器设备之间做双向沟通的桥梁，用户可以自由的组合文字、按钮、图形、数字等来处理、监控、管理随时可能变化的信息的多功能显示屏幕。人机界面采用西门子 Smart 700 触摸屏。

Smart 700 使用注意事项：

(1) 请确保在 HMI 设备外部为所有连接电缆预留足够的空间。

(2) 安装 HMI 设备时，确保人员、工作台和整体设备正确接地。

(3) 连接电源，仅限 DC24V。

(二) Smart 700 面板说明

Smart 700 触摸屏结构如图 5-25 所示。

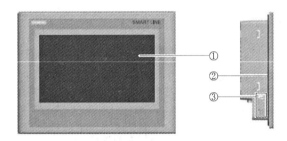

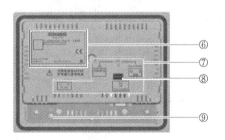

图 5-25　Smart 700 触摸屏结构图

①—显示器/触摸屏；②—安装密封垫；③—安装卡钉的凹槽；④—RS422/RS485 接口；
⑤—电源连接器；⑥—铭牌；⑦—接口名称；⑧—DIP 开关；
⑨—功能接地连接

（三）Smart 700 使用一般步骤

1. 连接组态 PC

（1）组态 PC 能够提供的功能。

1）传送项目。

2）传送设备映像。

3）将 HMI 设备恢复至工厂默认设置。

4）备份、恢复项目数据。

（2）将组态 PC 与 Smart 700 连接，如图 5-26 所示。

1）关闭 HMI 设备。

2）将 PC/PPI 电缆的 RS485 接头与 HMI 设备连接。

3）将 PC/PPI 电缆的 RS232 接头与组态 PC 连接。

2. 连接 HMI 设备

（1）串行接口。D-sub 接头针脚号说明见表 5-11。

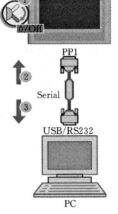

图 5-26 触摸屏同计算机的连接图

表 5-11　　　　　　　　　　串行接口引脚表

序　号	D-sub 接头	针脚号	RS485	RS422
1		1	NC.	NC.
2		2	M24_Out	M24_Out
3		3	B（+）	TXD+
4		4	RTS*）	RXD+
5	5 4 3 2 1　9 8 7 6	5	M	M
6		6	NC.	NC.
7		7	P24_Out	P24_Out
8		8	A（-）	TXD-
9		9	RTS*）	RXD-

（2）表 5-12 显示了 DIP 开关设置，可使用 RTS 信号对发送和接收方向进行内部切换。

表 5-12　　　　　　　　　　DIP 开关设置表

通信	开关设置	含　义
RS485	4 3 2 1　ON	SIMATIC PLC 和 HMI 设备之间进行数据传输时，连接头上没有 RTS 信号（出厂状态） 与西门子 PLC 通信电缆 Smart Line RS485 端口到 S7-200PLC 编程口 Smart Line 9 针连接器　　　S7-200PLC 9 针连接器 B（+）3 —— 3 B（+）　外壳 A（-）8 —— 8 A（-） 公头　　　　　公头

续表

通信	开关设置	含　义
RS485	4　3　2　1　ON	与 PLC 一样，针脚 4 上出现 RTS 信号。如用于调试时
	4　3　2　1　ON	与编程设备一样，针脚 9 上出现 RTS 信号，如用于调试时
RS422	4　3　2　1　ON	在连接三菱 FX 系列 PLC 和欧姆龙 CP1H／CP1L／CP1E－N 等型号 PLC 时，RS422/RS485 接口处于激活状态。 与三菱 PLC 通信电缆 Smart Line RS422 端口到 FX 系列 PLC 编程口 Smart Line 9 针连接器　　三菱 PLC 8 针连接器 　　　　　　　　　　外壳 TxD+　3　　2　RxD+ TxD−　8　　1　RxD− GND　5　　3　GND RxD+　4　　7　TxD+ RxD−　9　　4　TxD− 公头　　　　公头

3. 启用数据通道

（1）用户必须启用数据通道从而将项目传送至 HMI 设备。

（2）说明：完成项目传送后，可以通过锁定所有数据通道来保护 HMI 设备，以免无意中覆盖项目数据及 HMI 设备映像。

（3）启用一个数据通道——Smart 700。

1）按"Transfer"按钮，打开"TransferSettings"对话框。

2）如果 HMI 设备通过 PC－PPI 电缆与组态 PC 互连，则在"Channel 1"域中激活"Enable Channel"复选框。

3）使用"OK"关闭对话框并保存输入内容。

4. Smart 700 开发软件 WinCC flexible 2008 的使用

（1）安装步骤。

1）先装 WinCC flexible 2008 CN。

2）其次装 WinCC flexible 2008＿SP2。

3）最后装 Smart panelHSP。

按向导提示，一路单击"下一步"，单击"完成"，软件安装完毕。

（2）制作一个简单的工程。

1）安装好 WinCC flexible 2008 软件后，在"开始"／"程序"／"WinCC flexible 2008"下找到相应的可执行程序单击，打开触摸屏软件。界面如图 5－27 所示。

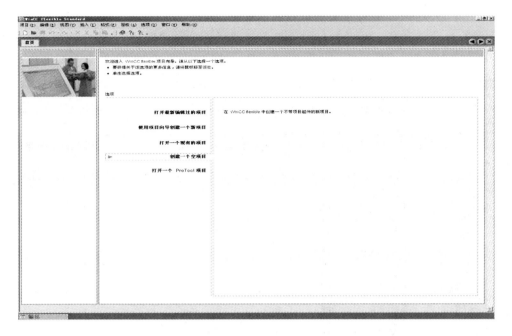

图 5-27   触摸屏 WinCC flexible 2008 软件初始界面

2）单击菜单"选项"里的"创建一个空项目"，在弹出的界面中选择触摸屏"Smart Line"→"Smart 700"，单击确定，进入如图 5-28 所示界面。

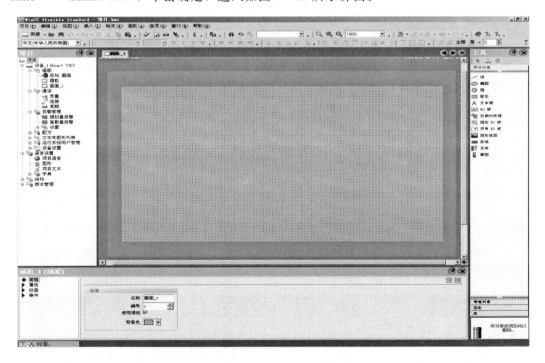

图 5-28   触摸屏 WinCC flexible 2008 软件开发界面图

3）在上述界面中，左侧菜单选择通讯，双击"连接"，选择通讯驱动程序（SIMAT-IC S7 200）。设置完成，再双击左侧菜单选择通讯，单击"变量"，建立变量表，如图5-29所示。

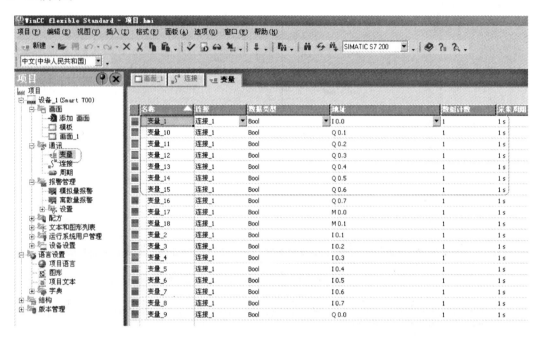

图 5-29 触摸屏 WinCC flexible 2008 软件变量连接图

4）变量建立完成，再双击左侧菜单，选择画面下的"添加画面"，可以增加画面的数量，再选择画面一，进行画面功能制作，如制作一个返回初始画面按钮，选择右侧"按钮"，在"常规"下设置文字显示，在"事件"下选择"单击"设置函数如下图，在"外观"下设置其他外观显示，返回功能按钮设置完成，如图5-30所示。

图 5-30 触摸屏 WinCC flexible 2008 软件事件函数设置

5）制作指示灯，用于监控 PLC 输入输出端口状态，选择右侧"圆"，在"外观"下设置如图5-31所示。

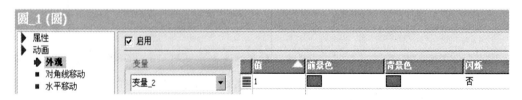

图 5-31 触摸屏 WinCC flexible 2008 制作指示灯

6）制作按钮，用于对 PLC 程序进行控制，选择右侧"按钮"，在"事件"下设置"置位按钮"，如图 5-32 所示。

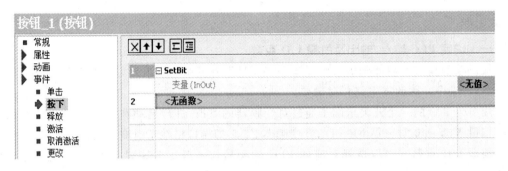

图 5-32　触摸屏 WinCC flexible 2008 按钮制作事件

7）制作完成一个简单的画面如图 5-33 所示。

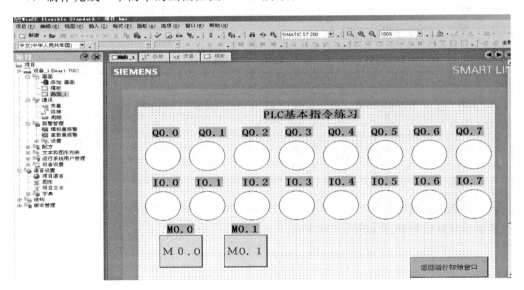

图 5-33　触摸屏 WinCC flexible 2008 软件制作画面

（3）工程下载。

1）通过 PC/PPI 通信电缆连接触摸 PPI/RS422/RS485 接口与 PC 机串口。

2）触摸屏需开启用数据通道选择"Control Panel"，在弹出窗口激活"Enable Channel"复选框选中后关闭，后选择"Transfer"启动下载。

3）单击下载按钮下载工程，如图 5-34 所示。

图 5-34　触摸屏界面软件下载

（4）下载完成后，触摸屏需在开启用数据通道选择"Control Panel"，在弹出窗口取消选中后关闭，用专用连接电缆连接 PLC 与触摸屏就可以实现所设定的控制。

任务实施

一、确定 PLC 输入/输出及所需 I/O 点数

根据项目要求及功能分析情况可知，本项目没有复杂的主电路，控制对象也仅为变频器的 STF 端子，因此本电路相对简单。

用 S7 - 200 的一个开关量端子通过对变频器的 STF 进行启动和停止控制，通过 PLC 的模拟量 V0，M0 对三菱 FR - D700 变频器 2、5 脚模拟量端子对变频器进行调速控制。

根据 I/O 点数，可以选择对应的 PLC 的型号，一般实训装置上的 PLC 完全能满足需要。

二、PLC 的 I/O 地址分配

根据确定的点数，主站和从站 I/O 地址分配见表 5 - 13。I/O 地址分配是进行 PLC 安装接线图设计及其程序设计的基础。

表 5 - 13 输入/输出地址表

输 入			输 出		
输入设备	PLC 输出地址	作用	输出设备	PLC 输出地址	作用
变频器 STF 端子	Q0.0	启停			
变频器 2 引脚	V0	模拟量			
变频器 5 引脚	M0	模拟量			

三、电路的设计与绘制

控制系统接线原理图如图 5 - 35 所示。

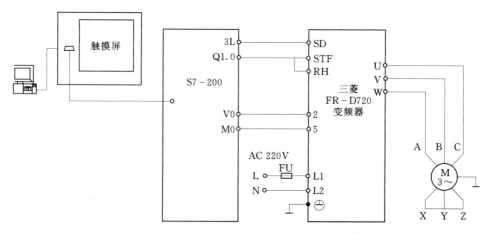

图 5 - 35 PLC 触摸屏变频器控制系统接线原理图

四、变频器参数设置

变频器根据自身参数不同工作在不同的模式，根据任务中描述的变频器工作方式、加

速时间等设定参数，见表 5-14。

表 5-14　　　　　　　　　**变 频 器 参 数 设 置 表**

序号	变频器参数	出厂值	设定值	功能说明
1	P.1	50	50	上限频率（50Hz）
2	P.2	0	0	下限频率（0Hz）
3	P.7	5	5	加速时间（2.5s）
4	P.8	5	5	减速时间（2.5s）
5	P.9	0	0.35	电子过电流保护（0.35A）
6	P.160	9999	0	扩张功能显示选择
7	P.79	0	2	操作模式选择
8	P.73	0	1	模拟量输入选择（0~5V）

五、PLC 程序设计

在 PLC 程序设计过程中主要是解决如下问题：熟练使用 STEP 7—Micro/WIN 软件的各部分组成及作用；程序设计方法；通信及程序下载和监控。

根据任务功能描述，设计如图 5-36 所示的 PLC 程序。

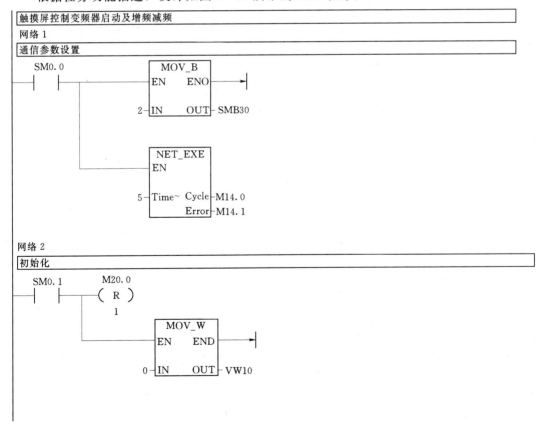

图 5-36（一）　PLC 触摸屏变频器控制系统 PLC 程序

网络 3

模拟量处理

```
   SM0.0                    MUL_I
   ─┤ ├─              ┌──────────────┐
                      │ EN        ENO│───┤
                      │              │
              +45 ───┤ IN1       OUT │─ VW20
             +640 ───┤ IN2          │
                      └──────────────┘
```

网络 4

触摸屏启动变频器信号

```
   M0.0               M20.0
   ─┤ ├──┤ P ├──        ( S )
                          1
```

网络 5

触摸屏停止变频机信号

```
   M0.1               M20.0
   ─┤ ├──┤ P ├──        ( R )
                          1
```

网络 6

变频器控制及频率值处理

```
   M20.0    VW20      VW20              MOV_W
   ─┤ ├──┬──┤>=1├──┤<=1├──       ┌──────────────┐
         │    0        32000     │ EN        ENO│───┤
         │                       │              │
         │                 VW20─┤ IN        OUT │─ AQW0
         │                       └──────────────┘
         │
         │   VW20              MOV_W
         ├──┤>1├──           ┌──────────────┐
         │   32000           │ EN        ENO│───┤
         │                   │              │
         │          32000 ──┤ IN        OUT │─ AQW0
         │                   └──────────────┘
         │
         │   VW20            MOV_W
         ├──┤<1├──         ┌──────────────┐
         │    0            │ EN        ENO│───┤
         │                 │              │
         │            0 ──┤ IN        OUT │─ AQW0
         │                 └──────────────┘
         │
         │   Q0.0
         └──( )
```

图 5-36（二）　PLC 触摸屏变频器控制系统 PLC 程序

六、触摸屏组态设计

触摸屏组态主要解决现场控制对象和操作控制人员之间的人机交互问题，在工业控制里广泛使用，是从事自动化技术工作必备的技能之一。在本任务中，主要是界面的设计；界面中图形元素属性的设置；图形元素和下位机 PLC 中编程元件之间的信息交换方法和途径。

根据任务描述的功能，按照设备连接画面进行组态，见图 5-38，变量连接画面进行数据对象的关联如图 5-38 所示，采用 WinCC flexible 2008 软件平台制作如下的触摸屏界面：主界面如图 5-39 所示，监控画面如图 5-40 所示。

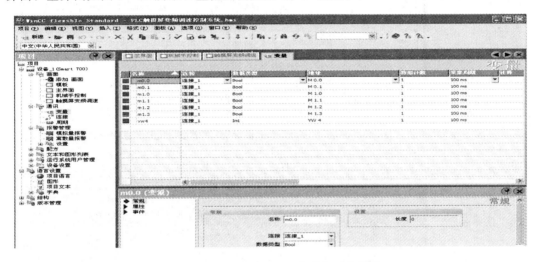

图 5-37　变量连接画面进行数据对象关联

图 5-38　设备连接画面进行设备组态

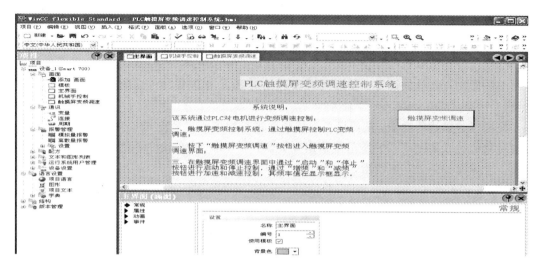

图 5-39 PLC 触摸屏变频调速控制系统主界面

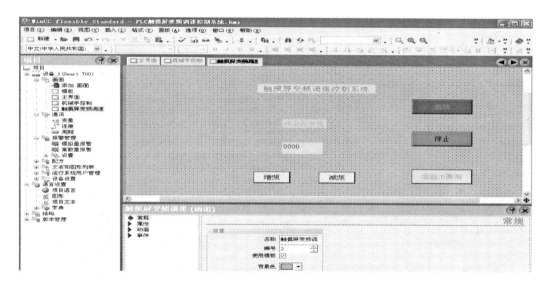

图 5-40 触摸屏变频调速控制画面

七、程序下载及调试

(一)下载

将用户自己编写的控制程序,进行编译,有错误时根据提示信息修改,直至无误,用 PC/PPI 通信编程电缆连接计算机串口与 PLC 通信口,打开 PLC 主机电源开关,下载程序至 PLC 中,下载完毕后将通信编程电缆从 PLC 通信口上取下,再将通信电缆连接触摸屏通信口与 PLC 通信口。最后将 PLC 的"RUN/STOP"开关拨至"RUN"状态。

(二)安装

根据系统的安装接线图,按照如下操作步骤安装电路:清点工具和仪表→选用元器件及导线→元器件检查(实训台上检查需要用到的元器件)→安装元器件(实训台上已固

122

定）→布线→自检。

1. 清点工具和仪表

根据任务的具体内容，选择工具和仪表，放在固定位置。

2. 选用元器件及导线

根据任务需要，选择元器件及导线，放在固定的位置。

3. 元器件检查

配备所需要元器件后，需要先进行元器件检测。检测主要包括两部分：外观检测和采用万用表检测。外观检测主要检测元器件外观有无损坏，元器件上所标注的型号、规格、技术参数是否符合要求，以及一些动作机构是否灵活，有无卡阻现象。万用表检测线圈电阻，触点通断等。

4. 安装元器件

确定元器件完好后，就需要将元器件固定在配线板上（木板或不锈钢网孔板）。每个元器件按其操作要领安装，且按照电气元件布置图来安装。

（1）各个元器件的安装位置应该整齐、均匀，间距合理。

（2）紧固元器件应该用力均匀，元器件应该安装平稳，并且注意元器件的安装方向。

5. 布线及接线

按照配线的工艺和具体要求对主电路和控制电路布线，按照其操作要领进行接线操作。

6. 自检

安装完成后，必须按要求进行检查。功能检查分为以下两种：

（1）按照电路图进行检查。对照电路图逐步检查是否错线、掉线，检查接线是否牢固灯。

（2）使用万用表检测。将电路分成多个功能模块，根据电路原理使用万用表检查各个模块的电路，如果测量的阻值与正确的有差异，则应按（1）进行逐步排查，以确定最后错误点。万用表检查电路的过程按照表5-4进行。

（三）通电调试

验证系统功能是否符合控制要求。调试过程分两大步：程序输入PLC和功能调试。

（1）用菜单命令"在线"→"PLC写入"，下载程序文件到PLC。

（2）功能调试。根据工作要求，按照工作过程逐步检测功能是否符合要求。

1）按下触摸屏上的"启动"按钮，观察电机动作情况，如果此时电机启动并运行，表明系统工作正常。按下触摸屏上的"启动"按钮，观察电机动作情况，如果此时电机启动没有反应，表明系统工作不正常。

2）当电机在工作的情况下，按下触摸屏上的"停止"按钮，如果此时电机停止工作，表明系统工作正常。则说明系统工作正常。当电机在工作的情况下，按下触摸屏上的"停止"按钮，如果此时电机不停止工作，表明系统工作不正常。

3）当电机正在工作的情况下，按触摸屏上的"增频"按钮，电机的转速开始加快，触摸屏反应频率的显示框频率值也是增加的；在电机工作的情况下，按触摸屏上的"减频"按钮，电机的转速开始变慢，触摸屏反应频率的显示框频率值也是减少的；表明系统工作正常。

4）当电机正在工作的情况下，当按下触摸屏上的"增频"或"减频"时，电机速度没有变化，表明系统工作不正常。

（3）填写调试情况记录表（表 5-15）。

表 5-15　　　　　　　　　　　　　调试情况登记表

序号	控制功能	完成情况记录			备　注
		第一次测试	第二次测试	第三次测试	
1	触摸屏上按下"启动"按钮，电机启动并运行	完成（　）	完成（　）	完成（　）	
		无此功能（　）	无此功能（　）	无此功能（　）	
2	电机运行时按下触摸屏上的"停止"按钮，电机停止运行	完成（　）	完成（　）	完成（　）	
		无此功能（　）	无此功能（　）	无此功能（　）	
3	电机运行时按下触摸屏上的"增频"按钮，电机加速运行	完成（　）	完成（　）	完成（　）	
		无此功能（　）	无此功能（　）	无此功能（　）	
4	电机运行时按下触摸屏上的"减频"按钮，电机减速运行	完成（　）	完成（　）	完成（　）	
		无此功能（　）	无此功能（　）	无此功能（　）	

注　根据功能完成情况在相应表格后面的（　）内打√。

八、提交技术文件

在整个实训项目完成后，学生提交如下的技术文件，培养良好的工程思想和素质。

（1）设计方案说明。

（2）原理图。

（3）布置图。

（4）元件清单。

（5）程序流程图。

（6）项目进程表。

（7）个人设计总结。

拓展知识　变频器安装及维护

在进行设备安装时应注意变频器的安装环境、安装方式、安装空间、主回路和控制回路接线路径的选择、控制电路的接线方法等。安装不规范会使变频器因散热不良而过热。布线不合理会使干扰增强，这些都可能造成变频器工作不正常。这些安装细节是确保变频器安全和可靠运行的基本条件和必要要领，直接联系着变频器及其系统运行安全和系统的可靠性。变频调速正常运行时，需要对变频器进行日常维护与检查。

一、变频器安装

（一）变频器安装环境

变频器属于电子器件装置，为确保其安全、可靠稳定运行，对其安装环境有一定要求。通用变频器对安装环境有如下要求：

（1）环境温度。温度是影响变频器寿命及可靠性的重要因素。−10～40℃；如散热条件好，上限可提高到 50℃。温度每升高 10℃，变频器的寿命减少一半。在控制箱中，变频器一般应安装在箱体上部，并严格遵守产品说明书中的安装要求，绝对不允许把发热元件或易发热的元件紧靠变频器的底部安装。

（2）环境湿度。要求不大于 90％RH（表面无凝露）；温度太高且温度变化较大时，变频器内部易出现结露现象，其绝缘性能就会大大降低，甚至可能引发短路事故。必要时，必须在箱中增加干燥剂和加热器。在水处理间，一般水汽都比较重，如果温度变化大的话，这个问题会比较突出。

（3）无强电磁干扰。变频器在工作中由于整流和变频，周围产生了很多的干扰电磁波，这些高频电磁波对附近的仪表、仪器有一定的干扰。因此，柜内仪表和电子系统，应该选用金属外壳，屏蔽变频器对仪表的干扰。所有的元器件均应可靠接地，除此之外，各电气元件、仪器及仪表之间的连线应选用屏蔽控制电缆，且屏蔽层应接地。如果处理不好电磁干扰，往往会使整个系统无法工作，导致控制单元失灵或损坏。

（4）无水滴、蒸汽、酸、碱、腐蚀性气体及导电粉尘。对导电性粉尘场所，采用封闭结构。对可能产生腐蚀性气体的场所，使用环境如果腐蚀性气体浓度大，不仅会腐蚀元器件的引线、印刷电路板等，而且还会加速塑料器件的老化，降低绝缘性能，因此要对控制板进行防腐处理。

（5）安装位置无强烈振动。装有变频器的控制柜受到机械振动和冲击时，会引起电气接触不良。淮安热电就出现这样的问题。这时除了提高控制柜的机械强度、远离振动源和冲击源外，还应使用抗震橡皮垫固定控制柜外和内电磁开关之类产生振动的元器件。设备运行一段时间后，应对其进行检查和维护。

（6）远离高温源且无阳光直射。

（7）禁止直接使用在易燃、易爆环境。

（8）变频器安装在海拔 1000m 以下可以输出额定功率。但海拔超过 1000m，其输出功率会下降，变频器输出电流减少，海拔高度为 4000m 时，输出电流为 1000m 时的 40％。

（二）安装外围设备

在安装变频器时首先要了解变频器的使用场合，根据现场的需要设置不同的外围设备。这里变频器的主要外围设备有空气断路器、电磁接触器、交流电抗器、制动电阻、直流电抗器、输出交流电抗器，无线噪声滤波器等。

（1）空气断路器是一种不仅能正常接触和断开电路，并能在过电流、逆电流、短路和失（欠）电压等非正常情况下动作的自动电器。其主要作用是保护交、直流电路内的电气设备，也可以不频繁地操作电路。在这里用来迅速切断变频器，防止变频器及其线路故障导致电源故障。

（2）交流电抗器又称为 AC 电抗器、电源协调用的交流电抗器。其主要功能是防止电源电网的谐波干扰。

（3）交流接触器简称接触器。它是用来频繁远距离接通和分断交直流电路，或大电容控制电路的自动电器。这里主要用于变频器出现故障时，自动切断主电源并防止掉电及故障后再启动。

（4）无线电噪声滤波器又称为电源滤波器，其主要作用是为了抑制从金属管线上传导无线电信号到设备中，或者抑制干扰信号从干扰源设备通过电源传导。在变频器中的作用是抑制干扰信号从变频器通过电源线传导到电源或电动机。

（5）直流电抗器主要是为了抑制变频器产生的高次谐波，它的作用效果比交流电抗器更好。

（6）输出交流电抗器又称为输出侧抗干扰滤波器，它是为了抑制变频器产生的高频干扰滤波影响电源侧的滤波器。

（7）过滤罩主要是防止粉尘进入变频器。

（三）安装变频器本体设备

1. 壁挂式安装

变频器的外壳设计比较牢固，一般情况下，允许直接安装在墙壁上，称为壁挂式。为了保证通风良好，所有变频器都必须垂直安装，变频器与周围物体之间的距离应满足下列条件：两侧大于 100mm、上下大于 150mm，而且为了防止杂物掉进变频器的出风口阻塞风道，在变频器出风口的上方最好安装挡板。

2. 柜式安装方式

当现场的灰尘过多，湿度比较大，或变频器外围配件比较多，需要和变频器安装在一起时，可以采用柜式安装。变频器柜式安装是目前最好的安装方式，因为可以起到很好的屏蔽辐射干扰，同时也可以防灰尘、防潮湿、防光照等作用。柜式安装方式应注意以下事项：

（1）单台变频器采用柜内冷却方式时，变频柜顶端应安装抽风式冷却风扇，并尽量装在变频器的正上方（这样便于空气流通）。

（2）多台变频器安装应尽量并列安装，如必须采用纵向方式安装，应在两台变频器间加装隔板。

（四）安装注意事项

（1）不要用力过大。

（2）保持竖直安装，出风口朝上；进、出风流畅。

（3）确保安装于能承受其重量的地方。

（4）确保安装于非可燃材料上。

（5）防止变频器安装在雨水滴淋或结露的地点。

（6）防止粉尘、棉絮及金属细屑侵入。

（7）防止变频器安装在油污和盐分多的场合。

（8）远离放射性物质及可燃物。

（9）要用螺钉垂直且牢固地安装在安装板上。

二、变频器的日常维护与检查

变频器是一种精密的电子装置，虽然在制造过程中，制造商进行了可靠性设计，但是如果使用不当，仍可能发生故障或出现运行不佳等情况，因此日常维护和检查必不可少。

（一）日常维护和检查

由于长期使用以及温度、湿度、振动、粉尘等环境的影响，再好的变频器其性能都会有一些变化。如果使用合理、维护得当，则能延长使用寿命，并且能减少因突然故障造成的生产损失。

1. 变频器的日常维护与定期检查要注意的几个方面

（1）安装地点的环境是否有异常。

（2）冷却系统是否正常。

（3）变频器、电动机、变压器、电抗器等是否过热、变色或有异味。

（4）变频器和电动机是否有异常振动以及异常声音。

（5）主电路电压是否三相平衡，电压是否正常，控制电路电压是否正常。

（6）导线连接是否牢固可靠。

（7）滤波电容器是否有异味。

（8）各种显示是否正常。

2. 外部目视检查项目

变频器运行过程中，可以从设备外部目视检查运行状况有无异常，通常检查以下几个方面：

（1）技术数据是否满足要求。

（2）周围环境是否符合要求。

（3）触摸面板有无异常情况。

（4）有无异常声音、异常振动、异常气味。

（5）有无过热的迹象。

（二）变频器的定期维护

定期维护必须放在暂时停产期间，在变频器停机后进行。定期检查的重点应放在变频器运行时无法检查的部位，主要包括：

（1）检查有关紧固件是否松动，并进行必要的紧固。

（2）清扫冷却系统的积尘。清扫空气过滤器，同时检查冷却系统是否正常。

（3）检查绝缘电阻是否在允许范围内。注意不要使用绝缘电阻表测试控制电路的绝缘电阻。

（4）导体绝缘物是否有腐蚀、过热的痕迹、变色或破损。

（5）确认保护电路的动作。

（6）检查冷却风扇、滤波电容器、接触器等的工作情况。

（7）确认控制电压的正确性，进行顺序保护动作实验，确认保护、显示回路有无异常。

（8）检查端子排是否有损伤，继电器触点是否粗糙。

（9）确认变频器在单体运行时的输出电压的平衡度。

一般的定期检查应 1 年进行一次，绝缘电阻检查可以 3 年进行一次。需作定期检查时，待变频器停止运行后，切断电源，打开机壳后进行。但必须注意，即使切断了电源，主电路直流部分滤波电容器放电也需要时间，须待充电指示灯熄灭后，用万用表等确认直流电压已降到安全电压（DC 25V）以下，然后进行检查。

（三）维护时的注意事项

（1）操作者必须熟悉变频器的基本原理、功能特点、指标等，并具有变频器运行经验。

（2）操作前必须切断电源，注意主电路电容器是否充分放电，确认放电完成后才可以继续下一步作业；电源指示灯熄灭后再行作业。

（3）测量仪表的选择应符合制造商的要求。

（4）在出厂前，生产厂家都已对变频器进行了初始设定，一般不能任意改变这些设定。在改变了初始设定后又希望恢复初始设定值时，一般需进行初始化操作。

（5）能用手直接触摸电路板。在新型变频器的控制电路中使用了许多 CMOS 芯片，用手指直接接触电路板会使芯片因静电作用而损坏。

（6）在通电状态下不允许进行改变接线或拔插连接件等操作。

（7）在变频器工作过程中不允许对电路信号进行检查。连接测量仪表时出现的噪声以及误操作可能引起变频器故障。

（8）当变频器故障而无故障显示时，注意不能再轻易通电，以免引起更大的故障。这时应断电做电阻特性参数测试，初步查找故障原因。

（四）零部件的更换

变频器由多种部件组装而成，某些部件经长期使用后性能降低、劣化，这是故障发生的主要原因。为了安全生产，某些部件必须及时更换。

（1）更换冷却风扇。冷却风扇的寿命受限于轴承，当变频器连续运行时，大约 2～3 年更换一次风扇或轴承。

（2）更换滤波电容器。中间直流回路使用的是大容量电解电容器，由于受脉冲电流等因素的影响，其性能会逐渐劣化。一般情况下，使用周期大约为 5 年，检查周期最长为 1 年，接近寿命期时最好在半年以内。

（3）定时器在使用数年后，动作时间会有很大变化，在检查动作时间之后应考虑是否进行更换；继电器和接触器经过长期使用会发生接触不良现象，应根据触点寿命进行更换。

（4）熔断器在正常使用条件下，寿命约为 10 年。

能力检测

（1）构件 PLC 触摸屏变频控制系统。

（2）对整个项目的完成情况进行评价和考核。具体评价规则见附录一。

任务三　PLC、组态软件、变频器控制系统

任务目的

通过对电机变频监控系统的实现，掌握组态软件的使用，掌握基于 PLC 技术和组态技术的监控系统的工作过程、实现方法，掌握电气系统安装和调试方法。

任务描述

本任务采用西门子变频器控制一台三相异步电动机的启停，并进行速度控制。具体的控制要求如下：

（1）变频器参数设置。变频器加减速斜坡时间设置为 2.5s，通过变频器 STF 端子启动变频器，2、5 脚模拟量端子对变频器进行调速控制。

（2）PLC 控制程序具有"启动"、"停止"、频率设定功能，通过触摸屏界面进行操作。在触摸屏传送监控界面中，按下频率增加或减少按钮，变频器频率在 0～50Hz 变化；按下"启动"按钮，变频器启动运行，按下"停止"按钮，变频器停止运行。

（3）系统采用 MCGS 软件开发上位机监控管理系统，制作界面。

变频传送监控界面，制作五个按钮元件和一个数值显示元件，并有相应的文字说明。两个按钮元件用于控制变频器的启动、停止，两个按钮用于变频器频率的增加与减少，一个按钮元件用于返回主界面；一个数值显示元件用于显示范围 0～50Hz 的变频器频率。

随着对工业自动化的要求越来越高，以及大量控制设备和过程监控装置之间通信的需要，监控数据采集系统越来越受到用户的重视，从而导致组态软件的大量使用。

知识链接　MCGS 软件组成及其组态过程实例

MCGS（Monitor and Control Generated System，通用监控系统）是一套用于快速构造和生成计算机监控系统的组态软件，它能够在基于 Microsoft 的各种 32 位 Windows 平台上运行，通过对现场数据的采集处理，以动画显示、报警处理、流程控制和报表输出等多种方式向用户提供解决实际工程问题的方案

一、MCGS 软件组成

（一）按使用环境分

按使用环境分 MCGS 组态软件由"MCGS 组态环境"和"MCGS 运行环境"两个系统组成。

用户的所有组态配置过程都在组态环境中进行，组态环境相当于一套完整的工具软件，它帮助用户设计和构造自己的应用系统。用户组态生成的结果是一个数据库文件，称为组态结果数据库。

运行环境是一个独立的运行系统，它按照组态结果数据库中用户指定的方式进行各种处理，完成用户组态设计的目标和功能。运行环境本身没有任何意义，必须与组态结果数据库一起作为一个整体，才能构成用户应用系统。一旦组态工作完成，运行环境和组态结果数据库就可以离开组态环境而独立运行在监控计算机上。

组态结果数据库完成了 MCGS 系统从组态环境向运行环境的过渡，它们之间的关系如图 5-41 所示。

图 5-41　MCGS 软件组态环境和运行环境的关系图

两部分互相独立，又紧密相关，分述如下。

1. MCGS 组态环境

MCGS 组态环境是生成用户应用系统的工作环境，用户在 MCGS 组态环境中完成动

画设计、设备连接、编写控制流程、编制工程打印报表等全部组态工作后，生成扩展名为.mcg 的工程文件，又称为组态结果数据库，其与 MCGS 运行环境一起，构成了用户应用系统，统称为"工程"。

2. MCGS 运行环境

MCGS 运行环境是用户应用系统的运行环境，在运行环境中完成对工程的控制工作。组态环境与运行环境的关系及组成部分如图 5-42 所示。

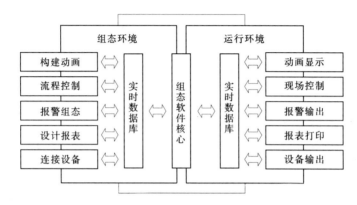

图 5-42　MCGS 软件组态环境和运行环境的关系及组成部分图

（二）按组成要素分

按组成要素分 MCGS 工程由主控窗口、设备窗口、用户窗口、实时数据库和运行策略五部分构成。如图 5-43 所示。

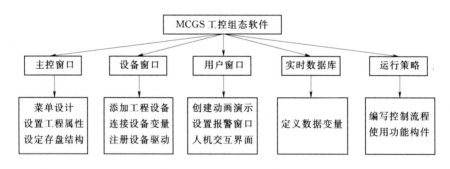

图 5-43　MCGS 软件组态环境的组成部分及作用图

1. 主控窗口

主控窗口是工程的主窗口或主框架。在主控窗口中可以放置一个设备窗口和多个用户窗口，负责调度和管理这些窗口的打开或关闭。主要的组态操作包括：定义工程的名称、编制工程菜单、设计封面图形、确定自动启动的窗口、设定动画刷新周期、指定数据库存盘文件名称及存盘时间等。

2. 设备窗口

设备窗口是连接和驱动外部设备的工作环境。在本窗口内配置数据采集与控制输出设备，注册设备驱动程序，定义连接与驱动设备用的数据变量。

3. 用户窗口

用户窗口主要用于设置工程中人机交互的界面，诸如：生成各种动画显示画面、报警输出、数据与曲线图表等。

4. 实时数据库

实时数据库是工程各个部分的数据交换与处理中心，它将 MCGS 工程的各个部分连接成有机的整体。在本窗口内定义不同类型和名称的变量，作为数据采集、处理、输出控制、动画连接及设备驱动的对象。

5. 运行策略

运行策略主要完成工程运行流程的控制。包括编写控制程序（if…then 脚本程序），选用各种功能构件，如数据提取、历史曲线、定时器、配方操作、多媒体输出等。

二、MCGS 软件组态过程实例

（一）理论分析

一般来说，整套组态设计工作可按以下步骤加以区分。

1. 工程项目系统分析

分析工程项目的系统构成、技术要求和工艺流程，弄清系统的控制流程和测控对象的特征，明确监控要求和动画显示方式，分析工程中的设备采集及输出通道与软件中实时数据库变量的对应关系，分清哪些变量是要求与设备连接的，哪些变量是软件内部用来传递数据及动画显示的。

2. 工程立项搭建框架

MCGS 称为建立新工程。主要内容包括定义工程名称、封面窗口名称和启动窗口（封面窗口退出后接着显示的窗口）名称，指定存盘数据库文件的名称以及存盘数据库，设定动画刷新的周期。经过此步操作，即在 MCGS 组态环境中，建立了由五部分组成的工程结构框架。封面窗口和启动窗口也可等到建立了用户窗口后，再行建立。

3. 设计菜单基本体系

为了对系统运行的状态及工作流程进行有效地调度和控制，通常要在主控窗口内编制菜单。编制菜单分两步进行：第一步搭建菜单的框架；第二步对各级菜单命令进行功能组态。在组态过程中，可根据实际需要，随时对菜单的内容进行增加或删除，不断完善工程的菜单。

4. 制作动画显示画面

动画制作分为静态图形设计和动态属性设置两个过程：前一部分类似于"画画"，用户通过 MCGS 组态软件中提供的基本图形元素及动画构件库，在用户窗口内"组合"成各种复杂的画面；后一部分则设置图形的动画属性，与实时数据库中定义的变量建立相关性的连接关系，作为动画图形的驱动源。

5. 编写控制流程程序

在运行策略窗口内，从策略构件箱中，选择所需功能策略构件，构成各种功能模块（称为策略块），由这些模块实现各种人机交互操作。MCGS 还为用户提供了编程用的功能构件（称之为"脚本程序"功能构件），使用简单的编程语言，编写工程控制程序。

6. 完善菜单按钮功能

完善菜单按钮包括对菜单命令、监控器件、操作按钮的功能组态；实现历史数据、实时数据、各种曲线、数据报表、报警信息输出等功能；建立工程安全机制等。

7. 编写程序调试工程

利用调试程序产生的模拟数据，检查动画显示和控制流程是否正确。

8. 连接设备驱动程序

选定与设备相匹配的设备构件，连接设备通道，确定数据变量的数据处理方式，完成设备属性的设置。此项操作在设备窗口内进行。

9. 工程完工综合测试

最后测试工程各部分的工作情况，完成整个工程的组态工作，实施工程交接。

综上，MCGS 软件开发监控系统过程如图 5-44 所示。

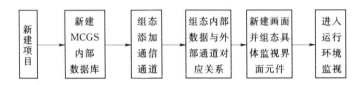

图 5-44　MCGS 软件开发监控系统过程图

（二）实例组态

本实例所要达到的最终效果为：

（1）在画面 0 中新建两个按钮（"按钮 01" 及 "按钮 02"）、一个指示灯（指示灯 01）。

（2）"按钮 01" 用于将 S7-200PLC 中的 M0.0 置位。

（3）"按钮 02" 用于将 S7-200PLC 中的 M0.0 复位。

（4）"指示灯 01" 利用 "红"、"黑" 两种颜色指示 S7-200PLC 中的 Q0.0 点的状态：当 Q0.0 状态为 1 时，指示灯显示红色，当 Q0.0 状态为 0 时，指示灯显示黑色。

1. 新建工程

双击 ，进入 MCGS 组态环境，单击 "文件/新建工程"，新建一个新的工程，其系统默认存储地址为 "X/X/MCGS/WORK/新建工程"，如图 5-45 所示。

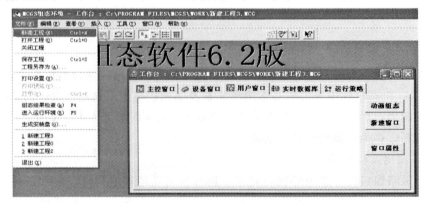

图 5-45　MCGS 软件组态开发工程初始界面

2. 组态实时数据库

（1）在新建工程的界面中选择"实时数据库"选项标题栏，单击"新增对象"按钮两次，在主对话框中就会出现两个新建立的内部数据，名称分别为 Data1 和 Data2，如图 5 - 46 所示。

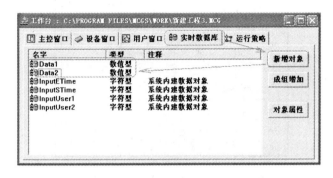

图 5 - 46　MCGS 软件组态环境建立实时数据库图

（2）双击"Data1"数据对象，在弹出的属性对话框中对其属性作如下设置，其他默认设置即可，设置完毕后，单击"确定"按钮，推出设置对话框，如图 5 - 47 所示。

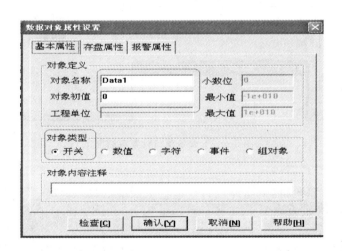

图 5 - 47　实时数据库数据属性设置对话框

（3）与第（2）步一致，双击"Data2"数据对象，在弹出的属性对话框中对其属性做如下设置，其他默认设置即可，设置完毕后，单击"确定"按钮，推出设置对话框，如图 5 - 48 所示。

3. 组态设备窗口

（1）在新建工程的界面中选择"设备窗口"选项标题栏，单击"设备窗口"图标，系统弹出设备窗口设置对话框，如图 5 - 49 所示。

（2）单击 ，在弹出的"设备工具箱"中单击"设备管理按钮"，弹出"设备管理"对话框，如图 5 - 50 所示。

图 5-48 数据对象的属性设置对话框

图 5-49 设备窗口设置对话框

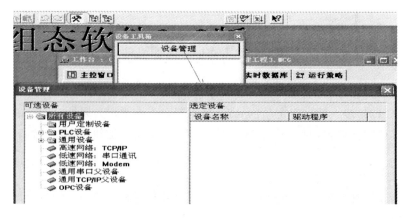

图 5-50 "设备管理"对话框

（3）双击对话框中左侧选择区中的"通用串口父设备"，将其添加至右侧对话框中，如图 5-51 所示。

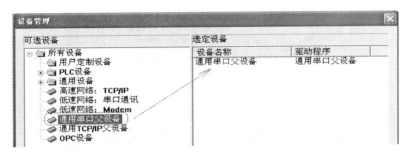

图 5-51　添加"通用串口父设备"

（4）与上步一致，双击对话框中左侧选择区中的"西门子 S7-200PPI"，将其添加至右侧对话框中，如图 5-52 所示。

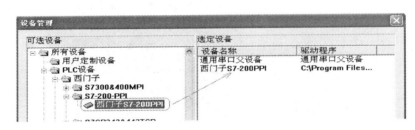

图 5-52　添加"西门子 S7-200PPI"

（5）添加完毕后，双击"设备工具箱"中的"通用串口父设备"及"西门子 S7-200PPI"，将其添加至通道设置对话框中，如图 5-53 所示。

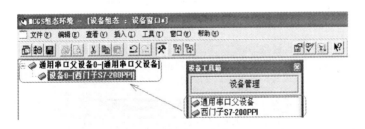

图 5-53　添加"通用串口父设备"及"西门子 S7-PPI"至通道设置对话框

（6）双击"通用串口父设备"，设置其参数，具体如图 5-54 所示。

（7）同理，双击"西门子 S7-200PPI"，在弹出的对话框中选择"基本属性"标题栏，对其基本属性进行设置，如图 5-55 所示。

（8）光标选择"设置设备内部属性"，单击其右侧按钮，在弹出的"通道属性设置"对话框中添加 MCGS 与 PLC 之间的数据通道，单击"增加通道"，在弹出的"增加通道"设置对话框中进行设置，如图 5-56 所示。

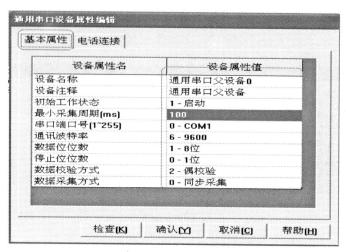

图 5 - 54　串行通信的属性设置

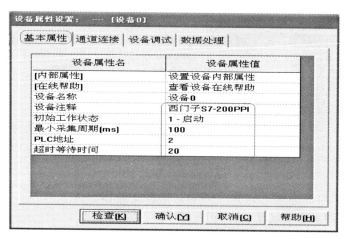

图 5 - 55　串行通信的属性设置

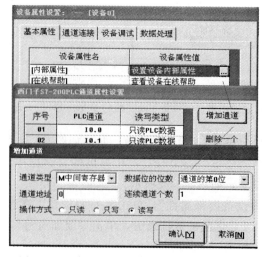

图 5 - 56　建立上位机和下位机数据传输通道

（9）同理，添加另外一个变量通道，如图5-57所示。

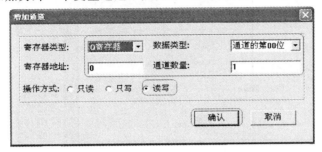

图5-57　增加数据传输通道

（10）选择"通道连接"标题栏，对PLC中的数据与MCGS的内部数据进行一一对应，单击"确定"按钮，退出设备属性设置对话框，如图5-58所示。

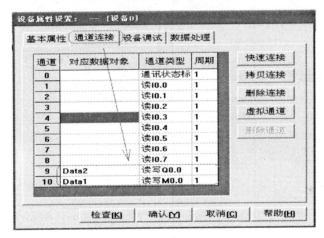

图5-58　数据通道连接

4. 组态用户窗口

（1）退至MCGS主界面，选择"用户窗口"标题栏，单击"新建窗口"按钮，新建一个新的用户窗口，选择窗口0图标，右击"设置启动窗口"选项，如图5-59所示。

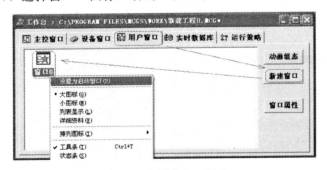

图5-59　用户窗口组态

（2）双击"窗口0"，打开窗口，选择"工具箱"中的按钮及矩形，将其安插到动画组态窗口0中，如图5-60所示。

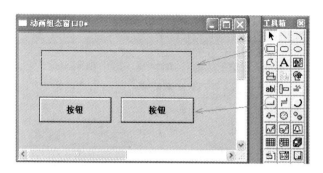

图 5-60 用户界面图形元素组态

（3）双击左侧按钮，设置其属性，如图 5-61 所示。

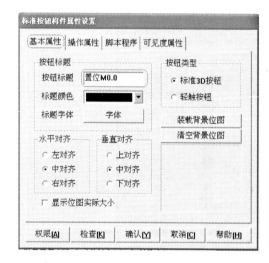
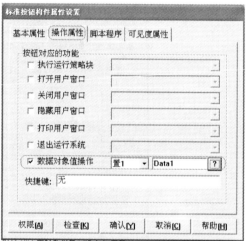

图 5-61 用户界面图形元素属性设置

（4）双击右侧按钮，设置其属性，如图 5-62 所示。

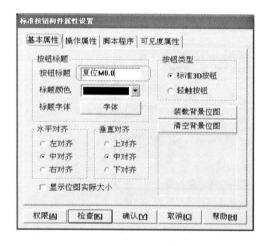
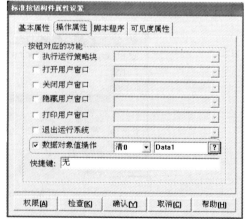

图 5-62 用户界面图形元素属性设置

（5）双击矩形，设置其属性，如图 5-63 所示。

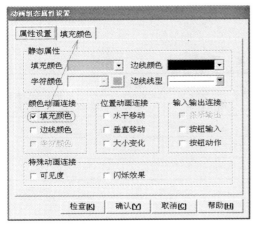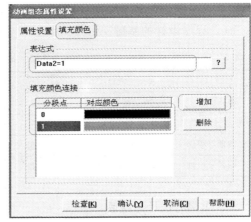

图 5-63　用户界面图形元素属性设置

5. 编写 PLC 程序

利用 STEP7 V4.0 软件编写如下程序并下载至 PLC 中，下位机 PLC 梯形图如图 5-64 所示。

6. 运行组态

单击"文件/进入运行环境"，进入运行环境，验证组态结果，如图 5-65 所示。

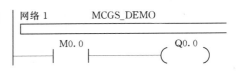

图 5-64　下位机 PLC 梯形图程序

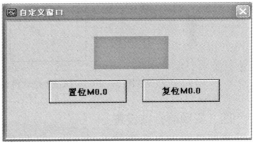

图 5-65　运行状态下的监控界面

任务实施

一、确定 PLC 输入/输出及所需 I/O 点数

根据项目要求及功能分析情况可知，本项目没有复杂的主电路，控制对象也仅为变频器的 STF 端子，因此本电路相对简单。

用 S7-200 的一个开关量端子通过对变频器的 STF 进行启动和停止控制，通过 PLC 的模拟量 V0，M0 对三菱 FR-D700 变频器 2、5 脚模拟量端子对变频器进行调速控制。

根据输入/输出点数，可以选择对应的 PLC 的型号，实训装置上的 PLC 完全能满足需要。

二、PLC 的 I/O 地址分配

根据确定的点数，主站和从站 I/O 地址分配见表 5-16，这是进行 PLC 安装接线图设计及 PLC 程序设计的基础。

表 5-16　　　　　　　　　　I/O 地址表

输　入			输　出		
输入设备	PLC 输出地址	作用	输出设备	PLC 输出地址	作用
变频器 STF 端子	Q0.0	启停			
变频器 2 引脚	V0	模拟量			
变频器 5 引脚	M0	模拟量			

三、电路的设计与绘制

PLC 组态软件和变频器调速系统接线原理图如图 5-66 所示。

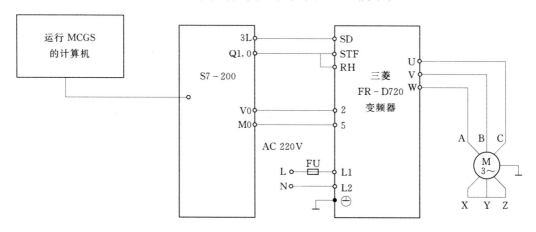

图 5-66　PLC 组态软件和变频器调速系统接线原理图

四、变频器参数设置

变频器根据自身参数不同工作在不同的模式，根据任务中描述的变频器工作方式、加速时间等设定参数，见表 5-17。

表 5-17　　　　　　　　　变频器参数设置表

序号	变频器参数	出厂值	设定值	功能说明
9	P. 1	50	50	上限频率（50Hz）
10	P. 2	0	0	下限频率（0Hz）
11	P. 7	5	5	加速时间（2.5s）
12	P. 8	5	5	减速时间（2.5s）
13	P. 9	0	0.35	电子过电流保护（0.35A）
14	P. 160	9999	0	扩张功能显示选择
15	P. 79	0	2	操作模式选择
16	P. 73	0	1	模拟量输入选择（0~5V）

五、PLC 程序设计

在 PLC 程序设计过程中主要是解决如下问题：STEP7‐Micro/WIN 软件的各部分组成及作用；程序设计方法；通信及程序下载和监控。

根据任务功能描述，设计 PLC 程序，其程序参考项目二。

六、组态画面设计

上位计算机监控组态主要解决现场控制对象和操作控制人员之间的人机交互问题，在工业控制里广泛使用，是从事自动化技术工作必备的技能之一。在这一任务中，主要是界面的设计；界面中图形元素属性的设置；图形元素和下位机 PLC 中编程元件之间的信息交换方法和途径。

根据任务描述的功能，采用 MCGS 软件制作上位机监控画面。

七、安装、程序下载及调试

安装、程序下载及调试过程参考项目五中任务二。

拓展知识　监控系统及其实现要解决的问题

一、监控系统

监控是指有关人员通过设在监控中心的微机对分布在现场的具有网络通信功能的异地设备进行远程监视与操作。远程监控系统能够对运行设备的状态信号、运行数据、故障类型实行实时远程动态监控，及早地预告和排除设备故障。远程监控技术减少了设备维修人员，同时能保证异地用户对设备维护维修的快速反应要求。

在目前的很多自控系统中，常常选用 PLC 作为现场级的控制设备，用于数据采集和控制；而在系统上位机（通常为工控机）上利用工控组态软件来完成工业流程及控制参数显示，实现生产监控和管理等功能。

发电厂的计算机监控系统一般采用分层分布式结构模式如图 5‐67 所示，此模式由上

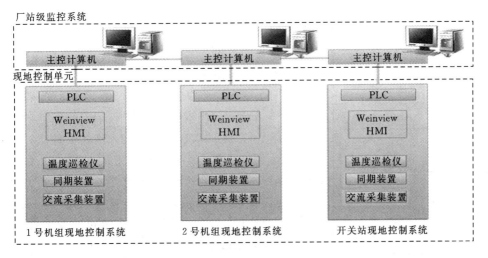

图 5‐67　基于 PLC 的水电站分层分布式监控系统网络结构图

位工业控制计算机和现地控制单元组成。现地控制单元采用"集成型"模式，即以 PLC 为核心，结合智能仪表与微机保护装置，采用模块结构和智能通信接口构成。

二、基于 PLC 和 MCGS 的监控系统实现要解决的问题

从工程应用的角度，监控系统实现的过程中主要解决如下问题：

（1）数据流向问题。分析出监控系统中由现场系统上传给上位机的现场系统各种状态信息（又称为遥信信号）和测量信息（又称为遥测信号）；分析出监控系统中由上位机下传给现场系统的远程控制信息（又称为遥控信号）和调节信息（又称为遥调信号）。解决监控系统中信息问题。

（2）接线和通信协议问题。上位机系统和现场系统之间要传输各种信号，必须通过建立物理链路来实现。这种物理链路主要指上位机和现场系统之间接口问题，传输介质问题，网络结构问题等。

要保证上位机系统和现场系统间能正常的通信，除了必要的物理链路外，通信的双方还必须遵循共同的约定——相同的通信协议，包括相同的通信速率、数据位、校验形式等。上位机监控系统协议的设置在组态软件中设置，现场系统在现场设备上设置。

（3）组态问题。将现场系统通过图形符号等按照系统工艺在上位机上面设计重现出来，并通过对图形元素的属性设置来使监控画面中的图形元素与相关的数据对象建立对应关系，使数据对象和图形元素同步改变，这一过程被称为画面组态；将监控系统中用到的各种通信相关的数字设备组合起来，称为设备组态。

（4）数据通道问题。将图形元素↔实时数据库的数据对象↔现场数字设备编程元件这样信息传输的路径，称为数据通道，数据通道通过组态软件中设备组态进行连接。有了数据通道，上位机和现场系统就可以在后台自动进行数据信息的交换，保存数据对象的实时数据库是上位机和现场系统进行数据交换的场所。

能力检测

（1）利用 MCGS 软件制作上位机监控画面。

（2）"基于 PLC 和 MCGS 的监控系统的实现"综合设计题。

控制任务：液体混合及加热控制装置的监控系统，液体混合装置示意图如图 5-68 所示。其控制要求如下。

按下启动按钮 SB1 后，电磁阀 YV1 得电，液体 A 流入；当液位达到传感器 S1 的高度，S1 发出信号，关断 YV1 接通 YV2，液体 B 流入；当液位达到传感器 S2 的高度，关断 YV2，按通搅拌机 M；搅拌 5min 后，停止搅拌，同时打开出口电磁阀 YV3，排出液体；液体排完（定时 2min）后，关断 YV3，一个工作循环结束。按下停止按钮 SB2，系统不管在哪个阶段都停止。

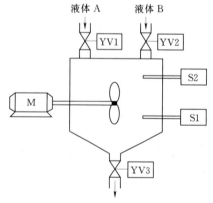

图 5-68 液体混合装置示意图

监控系统要求能在上位机系统上能反映现场系统的状态，能在上位机上对现场系统进行远程

控制。

完成如下设计内容：

1）绘出该监控系统的 PLC 现场系统的安装接线图。

2）监控系统的数据流向分析：由现场系统上传给上位机的信息有哪些？由上位机下传到现场系统的信息有哪些？

3）建立实时数据库（数据对象的名称，数据类型，作用）。

4）建立通道及通道连接（通道名称，连接的数据对象，作用）。

（3）监控系统中实时数据库的作用是什么？监控系统实现在通信上要解决的问题有哪些？

项目六　PLC 在 水 电 站 的 应 用

项目分析

采用 PLC 系统控制水电站实现自动控制，电站的综合自动化水平得到了极大的提高，增加了系统可靠性和安全性。水电站中 PLC 主要完成水轮发电机组及其附属设备的模拟量、开关量、保护信号、脉冲量等数据采集和数据通信任务，完成现场设备如辅助设备系统开、停机、调速器调速和励磁系统控制等任务。本项目包括水电站辅机 PLC 控制系统；水轮机调速器 PLC 系统；水轮发电机组 PLC 控制系统及其调试维护等三个任务。

项目目标

熟悉水电站 PLC 的控制对象；掌握水电站辅机 PLC 系统组成及其实现技术；掌握水轮机 PLC 调速系统构成；掌握水轮发电机组 PLC 控制系统及其维修和调试技术。

任务一　水电站辅机 PLC 控制系统

任务目的

通过水电站辅机 PLC 控制系统任务中油、水和气系统控制过程学习和油系统 PLC 控制系统实现，熟悉水电站中辅机控制对象；掌握辅机系统的控制要求及其 PLC 控制方式实现的过程和方法。

任务描述

油泵 PLC 控制系统完成对两个油泵的自动控制，其主要功能为：①根据油的压力实现对油泵的自动启停控制；②两台油泵主、辅备用，并能实现相互切换；③可以进行手自动控制方式的切换；④能显示油泵的工作和停止状态。

水电站辅机系统包括起润滑和绝缘作用的油系统；技术供水、消火供水和生活供水的供水系统；生产用水排水，渗漏排水，检修排水，厂区排水等的排水系统；供机组停机制动、调相压水、风动工具及吹扫用气及水导轴承密封围带、蝴蝶阀止水围带充气等的气系统。

辅机控制系统功能及要求：辅机系统信号采集、状态显示、信号处理及自动控制、泵等设备运行次数及主备切换处理及外部通信等。

任务中采用西门子 S7 - 200PLC 实现，通过采集压力传感器节点状态获取油压信息，根据其大小通过 PLC 程序启动停止油泵工作，使油压维持在要求范围内；通过采集油泵工作接触器触点信息获取油泵的状态信息；通过 PLC 程序实现其工作次数和时间主用和备用的切换；通过 PLC 输出控制中间继电器控制油泵工作接触器。

知识链接　水电站油系统、水系统和气系统的 PLC 模型

一、水电站油系统 PLC 模型

PLC 按照预置程序完成对油压系统的自动测量控制，实现油泵电机的自动启停及工作、备用运行状态的自动切换，以维持压力油罐中的工作压力。当油面升高并达到补气油位时，自动地控制补气阀组进行补气。压力油罐的油压、油位、回油箱油位及各种运行状态可在当地人机界面上显示，并通过硬接线或通信方式上送 LCU。基于 PLC 的水电站油系统如图 6-1 所示。

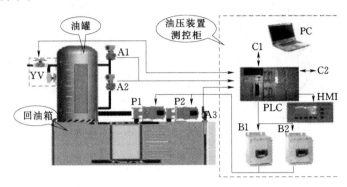

图 6-1　基于 PLC 的水电站油系统

A1—压力变送器；A2—差压变送器；A3—液体变送器；PLC—可编程控制器；HMI—文本
显示单元；PC—上位机；P1、P2—油泵；B1、B2—软启动器；C1—与其他系统的
开关量接口；C2—与其他系统的通信接口；YV—补气电磁阀组

二、水电站水系统 PLC 模型

检修排水系统：PLC 按照预置程序完成对水位控制系统的自动测量控制，实现水泵电机的自动启停，以及水泵的工作、备用运行状态的自动切换，以维持集水井的正常工作水位。水位控制系统的集水井水位和各种运行状态可在当地人机界面上显示，并通过硬接线或通信方式上送 LCU。基于 PLC 的水电站水系统如图 6-2 所示。

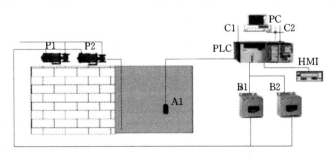

图 6-2　基于 PLC 的水电站水系统

A1—液体变送器；PLC—可编程控制器；HMI—液晶显示单元；
PC—上位机；P1、P2—水泵；B1、B2—软启动器；
C1—与其他系统的开关量接口

三、水电站气系统 PLC 模型

PLC 按照预置程序完成对压力控制系统的自动测量控制，实现空气压缩机的自动启停和排污阀的开闭，以及两台空压机的工作、备用运行状态的自动切换，保证储气罐的正常工作压力。压力控制系统的储气罐压力值和各种运行状态，可在当地人机界面上显示，并通过硬接线或通信方式上送 LCU。基于 PLC 的水电站气系统如图 6-3 所示。

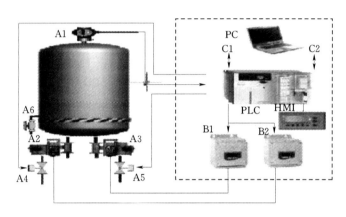

图 6-3　基于 PLC 的水电站气系统

A1—压力变送器；A2、A3—空压机；A4、A5—机排污阀；A6—罐排污阀；PLC—可编程控制器；HMI—液晶显示单元；PC—上位机；B1、B2—软启动器；C1—与其他系统的开关量接口；C2—与其他系统的通信接口

任务实施

油泵控制系统 PLC I/O 地址分配见表 6-1。

表 6-1　　　　　　　　　　油泵控制系统 PLC I/O 地址分配表

输　　入			输　　出		
输入设备	PLC 输入地址	作用	输出设备	PLC 输出地址	作用
压力表 P2 接点 1	I0.7	双下限	继电器 4	Q0.0	控制油泵 2
压力表 P1 接点 1	I1.0	上限	继电器 3	Q0.1	控制油泵 1
压力表 P1 接点 2	I1.1	下限	灯 2	Q0.2	油泵 2 工作指示
交流接触器 KM2	I1.2		灯 1	Q0.3	油泵 1 工作指示
交流接触器 KM1	I1.3				
万能转换开关 SA2	I1.4				
万能转换开关 SA1	I1.5				

油泵控制系统 PLC I/O 接线原理图如图 6-4 所示。

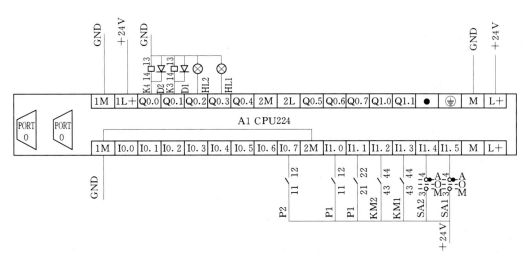

图 6-4　油泵控制系统 PLC I/O 接线原理图

油泵控制系统的 PLC 程序梯形图如图 6-5 所示。

符号	地址	注释
继电器 3	Q0.1	K3
万用转换开关 1	I1.5	SA1
万用转换开关 2	I1.4	SA2
压力表P1 接点 1	I1.0	上限
压力表P1 接点 2	I1.1	下限
压力表P2 接点 1	I0.7	双下限
中间继电器 1	M0.1	轮换优先

图 6-5（一）　油泵控制系统的 PLC 程序梯形图

网络 2

泵 2

符号	地址	注释
继电器 4	Q0.0	K4
万用转换开关 1	I1.5	SA1
万用转换开关 2	I1.4	SA2
压力表 P1 接点 1	I1.0	上限
压力表 P1 接点 2	I1.1	下限
压力表 P2 接点 1	I0.7	双下限
中间继电器 1	M0.1	轮换优先

网络 3

指示灯 1

符号	地址	注释
灯 1	Q0.3	HL1
交流接触器 1	I1.3	KM1

网络 4

指示灯 2

符号	地址	注释
灯 2	Q0.2	HL2
交流接触器 2	I1.2	KM2

网络 5

计数复位

符号	地址	注释
压力表 P1 接点 2	I1.1	下限
中间继电器 2	M0.2	按次数或时间

图 6-5（二）　油泵控制系统的 PLC 程序梯形图

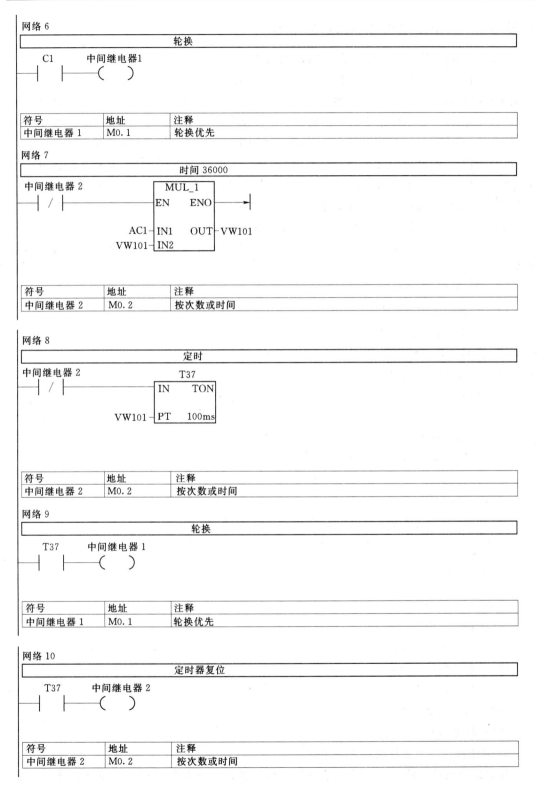

网络 6

轮换

C1　　中间继电器1
├─┤├────( )

符号	地址	注释
中间继电器 1	M0.1	轮换优先

网络 7

时间 36000

中间继电器 2
├─┤/├──

```
        MUL_1
      ┌──────────┐
   ──┤EN     ENO├──▶
      │          │
AC1 ─┤IN1    OUT├─ VW101
VW101─┤IN2       │
      └──────────┘
```

符号	地址	注释
中间继电器 2	M0.2	按次数或时间

网络 8

定时

中间继电器 2　　　　　　T37
├─┤/├──

```
        ┌──────────┐
      ──┤IN    TON │
        │          │
VW101 ─┤PT   100ms │
        └──────────┘
```

符号	地址	注释
中间继电器 2	M0.2	按次数或时间

网络 9

轮换

T37　　　中间继电器1
├─┤├────( )

符号	地址	注释
中间继电器 1	M0.1	轮换优先

网络 10

定时器复位

T37　　　中间继电器2
├─┤├────( )

符号	地址	注释
中间继电器 2	M0.2	按次数或时间

图 6-5（三）　油泵控制系统的 PLC 程序梯形图

拓展知识　水电站辅机自动化监控系统

一、调速器油压自动化监控系统的传输信息

本控制系统的控制对象为两套调速器油压装置（每套包括两台电动机）。调速器油泵电动机通过控制系统、差压变送器、压力开关及压力变送器、液位信号器实现其自动控制；调速器漏油装置通过控制系统、液位变送器及液位信号器实现其自动控制。其中一台为"工作"方式，另一台为"备用"方式。控制屏装设有油泵电机控制开关（设有"手动"、"自动"、"断开"位置），PLC 现地控制屏可实现对油泵电机的自动和手动控制。油泵电机的运行状态、故障信号和压力及液位控制的各设定值、每台油泵电机的运行时间和次数等均应在现地控制屏的面板通过指示信号灯和显示装置反映。PLC 根据每台油泵电机启动次数和运行时间将主用油泵电机和备用油泵电机自动轮换。压力及液位开关量信号和模拟量信号应实现测量值互相比较并在出现错误时报警。在控制上以模拟量采集信号优先。

1. 通信方式（RS485）上送 LCU 的信息

（1）切换开关位置状态。

（2）1 号油泵电机启动。

（3）2 号油泵电机启动。

（4）1 号油泵电机故障。

（5）2 号油泵电机故障。

（6）软启动器故障。

（7）可编程控制器 PLC 运行。

（8）可编程控制器 PLC 故障。

（9）补气启动。

（10）控制电源故障。

（11）1 号油泵电机动作次数，每个记录包括名称、状态及时标。

（12）2 号油泵电机动作时间，每个记录包括名称、状态及时标。

（13）压力油罐油位过高。

（14）压力油罐油位低。

（15）事故低油压。

（16）漏油泵电机启动。

（17）漏油泵电机故障。

（18）漏油箱油位过高。

（19）漏油箱油混水。

（20）压力油罐油压高。

（21）其他需要上送的信号。

2. 调速器油压装置控制屏开关量信号

开关量为电机故障、1 号和 2 号油泵电机启动、漏油泵电机启动、压力油罐油位过高、压力油罐油位低、事故低油压、压力油罐油压高、控制电源故障、软启动器故障等信

号等。

3. 调速器油压装置控制屏模拟量信号

调速器油压装置控制屏模拟量信号有油罐压力、油罐油位等。

二、渗漏排水泵自动化监控系统的传输信息

本控制系统的控制对象为一套渗漏排水系统（两台泵），渗漏排水泵通过控制系统、水位变送器、渗漏排水泵出口流量开关实现其自动控制；其中一台为"工作"方式，另一台为"备用"方式。控制屏装设有水泵控制开关（设有"手动"、"自动"、"备用"、"断开"位置），PLC 现地控制屏可实现对渗漏排水泵自动和手动控制。

PLC 根据每台泵启动次数和运行时间将工作泵和备用泵自动轮换。水位变送器（2个）输出的模拟量分别用于 PLC 的现地监控及远方 LCU 监视。

1. 通信方式（RS485）上送 LCU 的信息

（1）控制开关位置状态。

（2）1 号渗漏排水泵启动/停止。

（3）2 号渗漏排水泵启动/停止。

（4）1 号电机故障。

（5）2 号电机故障。

（6）软启动器故障。

（7）集水井水位过高。

（8）备用泵启动。

（9）可编程控制器 PLC 运行。

（10）可编程控制器 PLC 故障。

（11）控制电源故障。

（12）1 号、2 号渗漏排水泵动作次数，每个记录包括名称、状态及时标。

（13）其他需要上送的信号。

（14）渗漏排水泵出口流量异常。

2. 渗漏排水泵现地控制屏开关量信号

开关量为电机故障、软启动器故障、工作泵启动、备用泵启动、控制电源故障、水位报警信号、水位过高、渗漏排水泵出口流量异常、PLC 故障等。

3. 渗漏排水泵控制屏模拟量输出信号

渗漏排水泵控制屏模拟量输出信号有渗漏排水池水位（由水位变送器引线上控制屏端子引出）等。

三、中压空压机自动化监控系统中的传输信息

本控制系统的控制对象为一套中压空压机系统（两台电动机），中压空压机通过控制系统、压力开关及变送器实现其自动控制。其中一台为"工作"方式，另一台为"备用"方式。控制屏装设有空压机控制开关（设有"手动"、"自动"、"备用"、"断开"位置），PLC 现地控制屏可实现对空压机的自动和手动控制。空压机的运行状态、故障信号和压力控制的各设定值、每台空压机的运行时间和次数等均应在现地控制屏的面板通过指示信

号灯和显示装置反映。PLC 根据每台空压机启动次数和运行时间将主用空压机和备用空压机自动轮换。气压开关量信号和模拟量信号应实现测量值互相比较并在出现错误时报警。在控制上以模拟量采集信号优先。

1. 通信方式（RS485）上送 LCU 的信息

（1）切换开关位置状态。

（2）1 号空压机电机启动。

（3）2 号空压机电机启动。

（4）1 号空压机电机故障。

（5）2 号空压机电机故障。

（6）备用空压机启动。

（7）排污电磁阀动作。

（8）1 号空压机温度超高。

（9）2 号空压机温度超高。

（10）系统气压过低。

（11）系统气压过高。

（12）可编程控制器 PLC 故障。

（13）可编程控制器 PLC 运行。

（14）控制电源故障。

（15）空压机动作次数，每个记录包括名称、状态及时标。

2. 中压空压机控制屏开关量信号

开关量为电机故障、1 号空压机启动、2 号空压机启动、气罐压力低、气罐压力高、控制电源故障、空压机温度过高等。

3. 中压空压机控制屏模拟量信号

中压空压机控制屏模拟量信号有中压空压机压力等。

四、基于西门子 S7 - 200PLC 水电站辅机自动化监控系统

采用西门子 S7 - 200PLC 的水电站辅机自动化监控系统，集保护、遥控、遥测、遥信、遥调五大功能于一体，实现了水电站辅机综合自动化。系统性价比高，软件、硬件配置稳定性好，可靠性高，实时性强。适合中、小型水电站辅机综合自动化系统。

（一）西门子 S7 - 200PLC 水电站辅机自动化监控系统的系统结构

水电站计算机监控系统从功能上分为负责完成全厂集中监控任务的电站级控制层和负责完成机组、开关站、公用设备等监控任务的现地控制单元层。各现地控制单元（LCU）由一体化工控机和可编程控制器（PLC）构成，实现与当前流行的开放标准以太网直接联网。现地 LCU 组成的集散控制系统是通过 Profibus 过程现场总线与各控制站进行通信，实现"四遥"功能。利用 S7 - 200PLC 组成的水电站辅机控制系统是属于现代控制单元层，主要由油压装置控制子系统、漏油装置控制子系统、技术供水控制子系统、渗漏排水控制子系统、低压气机控制子系统和高压气机控制子系统组成。某水电站辅机自动化监控系统结构如图 6 - 6 所示。

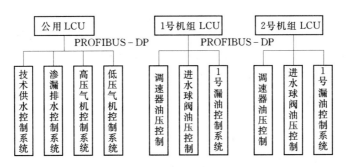

图 6-6 某水电站辅机自动化监控系统结构图

（二）S7-200PLC 组成的辅机监控系统硬件组成

辅机监控系统的每个子系统的自动控制都采用西门子公司的 S7-200 系列的可编程控制器 (PLC) 来实现的。每个子系统的 PLC 均配有一个微处理器 CPU226MX、开关量输入/输出模块 EM223 (EM221)、模拟量输入/输出模块 EM231 和通信模块 EM277 等扩展模块以及文本显示和编辑器 TD200 组成。所有控制子系统操作设计为自动、手动两种方式。输入/输出回路留有 20% 的余量，便于以后系统扩展。每个输入通道能单独选择常开触点或常闭触点接收开关量信号；每路数字通道有 LED 状态显示，增强直观性，便于调试和维修。每个子系统对各自控制范围内的设备进行监视和控制。TD200 文本显示和编辑器实时显示有关参数，同时可手动切换显示和调整有关参数。通过 EM277 通信模块，使该控制单元作为 Profibus-DP 网络的主站交换数据，以实现集中监视控制。

（三）技术供水辅机子系统的实现

1. 工作原理和控制要求

技术供水控制子系统的控制对象：3 台 30kW 供水泵。状态监视对象：3 台滤水器。第 1 号、2 号水泵为主用，3 号供水泵作为备用。当主泵启动令发出经延时后，当水管压力不够，自动启动备用泵，当压力达到备用泵停止压力时，停止备用泵。1 台机组停机后，延时停止 1 台运行的供水泵，2 台机组停机后，则延时停止所有运行的供水泵。技术供水泵开启时，打开供水管上对应的电动蝶阀；停机时，延时关闭供水管上对应的电动蝶阀。技术供水开启时，同时打开相应的滤水器；技术供水泵关闭时，延时关闭对应的滤水器（延时时间可调整）。控制装置实时检测滤水器前后压差，当滤水器前后压差超限时发出报警信号，并自动控制滤水器排污。控制系统通过 PLC 的开关量和模拟量输入信号实时检测系统各设备的工作状态，发现故障自动处理，并及时上报故障信息。故障信息主要有供水管压力过高、过低、备用泵启动、滤水器堵塞、装置故障和控制电源故障等。

2. 系统软件实现

技术供水子系统软件采用模块化设计，主要包括主程序、系统自检程序、1~3 号水泵和 1 号、2 号阀门控制、通信子程序、水泵控制公用和阀门控制公用程序块组成。

系统主程序启动后首先调用系统自检子程序，如果系统各模块工作正常再调用 1~3 号水泵和 1 号、2 号阀门控制子程序控制水泵和阀门的启动和关闭，调用完成时再调用通信单元子程序和上位机 LCU 通信。系统在运行 1~3 号水泵和 1 号、2 号阀门控制子程序控制水泵和阀门的启动和关闭时，系统在相应的位置调用水泵和阀门控制公用程序控制相应的水泵和阀门，同时会将水泵和阀门的运行工况通过 TD200 显示给用户，一些需要设定的参数也可以透过 TD200 文本编辑器编辑后送给 1～3 号水泵和 1 号、2 号阀门控制子程序控制水泵和阀门。例如，技术水泵关闭时，延时关闭对应的滤水器，这个时间可以通过 TD200 编辑，同时在出现设置不正确时给出提示。

下面给出系统在运行 1～3 号水泵和 1 号、2 号阀门控制子程序调用的公用水泵和阀门控制程序指令表形式。

SBR2 水泵控制单元公用程序块：

NETWORK1		//水泵启动控制程序块
LD	#auto	//水泵控制的转换开关是否在自动位置
AN	#manual	
LD	#start	//开机信号
O	#pumpstart	//水泵启动后自锁
ALD		
AN	#pumpstop	//水泵停机状态
AN	#softstartfault	//软启动器正常
AN	#powerfault	//控制电源没有故障
AN	#overload	//水泵没有过载
=	#pumpstart	//满足以上所有条件水泵启动
=	#TDstart	//水泵启动显示
NETWORK 2		//水泵关闭控制块
LD	#auto	//水泵控制的转换开关是否在自动位置
LDN	#manual	
A	#stop	//同时水泵停机信号
AN	#pumpstart	//同时水泵运行状态
O	#overload	//水泵过载
O	#powerfault	//水泵控制电源故障
O	#sofustartfault	//软启动器故障
O	#pumpstop	//水泵停机后自锁
ALD		
=	#pumpstop	//满足以上任一组条件水泵停机
=	#TDstop	//水泵停机显示

SBR3 阀门控制单元公用程序块：

NETWORK1		//阀门启动控制块
LD	#auto	//阀门控制的转换开关是否在自动位置
AN	#manual	
LD	#pumpstart	//水泵已经启动
O	#startvalve	//阀门启动自锁
ALD		
AN	#stopvalve	//阀门在关闭状态
AN	#powerfault	//控制电源没有故障

AN	♯overload	//水泵没有过载
=	♯startvalve	//满足以上所有条件启动阀门
=	♯TDstart	//启动阀门显示
NETWORK 2		//阀门关闭控制块
LD	♯pumpstop	//水泵已经停机
TON T33，+30		//设置延时时间
NETWORK 3		
LD	♯auto	//阀门控制的转换开关是否在自动位置
LDN	♯manual	
AN	♯startvalve	//阀门开启状况下
A T33		//水泵关闭延时时间到
O	♯overload	//输出转矩过载
O	♯powerfault	//控制电源故障
ALD		
=	♯stopvalve	//满足以上任何一条件，阀门关闭
=	♯TDstop	//关闭阀门显示

　　基于西门子 S7 - 200PLC 水电站辅机自动化监控系统对水机辅机主要设备的运行状态和参数自动定时采集。包括各种电气量、非电气量等模拟量和开关量等的采集和处理，每一路输入均有 LED 状态显示。

　　基于西门子 S7 - 200PLC 水电站辅机自动化监控系统可采用友好的人机界面，通过文本编辑和显示单元进行人机联系，用于运行监视、控制、调试等，方便操作使用。

　　基于西门子 S7 - 200PLC 水电站辅机自动化监控系统各个控制子系统均脱离上位机系统独立运行，功能上不依赖于上位机监控系统主机。在与上位机通信中断时能独立运行，在设备监控系统本身出现故障或异常情况时，能以指示灯、文本显示等方式输出报警。

能力检测

　　（1）分析油泵 PLC 控制系统的工作过程。

　　（2）设计油泵 PLC 控制系统的主回路图。

　　（3）设计水电站检修排水 PLC 控制系统。

任务二　水轮机调速器 PLC 控制系统

任务目的

　　通过对水轮机调速器 PLC 系统硬件和软件构成的分析，掌握水轮机调速器 PLC 控制系统的信号类型，硬件连线，PLC 程序的构成及实现技术，进而掌握 PLC 调速器系统的安装、调试和维护技术。

任务描述

　　通过对实际水轮机调速器 PLC 系统的分析，给出水轮机调速器 PLC 系统的一般 I/O

地址分配表、PLC接线原理图、部分 PLC 程序。

　　水轮机调速器是保证水电厂机组稳定运行的重要控制设备，直接关系到机组的安全与稳定运行，水轮机调节系统是一个非线性、时变、最小相位系统。在微机调速器中，电子调节器由微机控制电路担任，其任务是采集各种外部信号（含状态和命令），针对被控对象的特点，采取合适的调节规律，然后控制量输出至液压随动系统，控制导叶开度以改变机组出力。

　　在水电站调速器系统中广泛采用 PLC 技术，主要包括硬件构成和连接、软件控制。

知识链接　SL－200 PLC 微机调速器硬件组成及其软件设计

一、S7－200 PLC 微机调速器硬件组成

（一）数字、开关量输入信号 DI

　　PLC 水轮机微机调速器的开关量输入主要用于接收电厂二次回路或 LCU 的命令或状态、运行人员的操作命令和频率测量环节的传递信号。二次回路或 LCU 的命令有：机组油开关、开机指令、停机指令、远方增加、远方减少（都是孤立节点）。运行人员操作信号有：水头信号手动/自动、机械液压手动/自动、水头修改、电气开限修改、调节参数修改（需密码开关）、增加、减少等。S7－200 的输入信号可以是无电压接点信号，也可以是从 NPN 集电开路输出的传感器来的信号。输入信号之间可以共电源负端，一般称之为"漏"输入型。当输入点共电源正端，称之为"源"输入型，其传感器应采用有 PNP 集电极开路输出的三极管。

　　S7－200CPU 允许部分或全部本机数字量输入点设置输入滤波器，选用合理定义延迟时间可以有效地抑制甚至滤除输入噪声干扰。

　　PLC 调速器数字、开关量输入信号如图 6－7 所示。

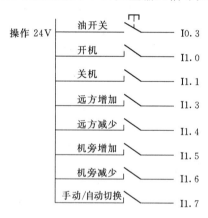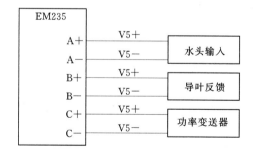

图 6－7　PLC 调速器数字、开关量输入　　　　图 6－8　PLC 调速器模拟量输入

（二）模拟量输入

　　PLC 微机调速器常用的模拟量输入量包括导叶接力器位移信号、机组功率信号、水头信号，选用模拟量输入模块 EM235。PLC 调速器模拟量输入如图 6－8 所示。

（三）频率信号输入

　　频率信号的输入，先通过外围的电路整形分频等环节，产生计数脉冲信号，直接接入

S7 - 200 数字输入端。PLC 调速器频率信号输入如图 6 - 9 所示。

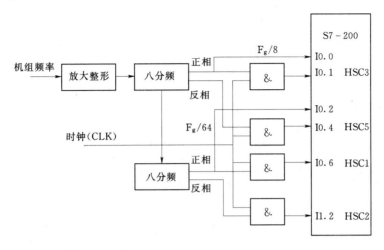

图 6 - 9　PLC 调速器频率信号输入

（四）高速脉冲信号量输出

调速器采用步进电机构成的步进系统通过 PLC 控制器输出步进电机频率、PWM 和步进电机的旋转方向控制电平，在 S7 - 200 中只有 Q0.0 和 Q0.1 能输出脉冲，不能作其他的功能，PLC 调速器高速脉冲信号输出如图 6 - 10 所示。

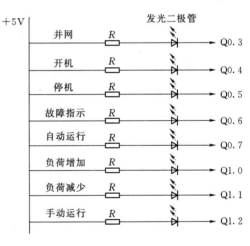

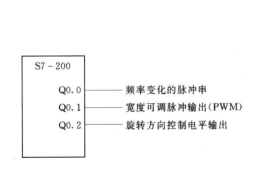

图 6 - 10　PLC 调速器高速脉冲信号输出　　　图 6 - 11　PLC 调速器数字/开关量输出信号

（五）数字/开关量输出信号 D0

在 PLC 水轮机微机调速器中，开关量用于发光二极管指示、调速器工作状态数字显示、PID 调节参数显示、步进电机旋转方向控制、向电厂二次回路或机组 LCU 发送报警信号和调速器自动切换手动命令、内部故障、电源消失。

S7 - 200CPU 模块开关量的输出是漏型输出，即输出的负载共电源的正端，输出应采用单独的供电电源，在 PLC 微机调速器中，可采用 PLC 驱动继电器，切手动继电器，报警继电器。PLC 调速器数字/开关量输出信号如图 6 - 11 所示。

二、S7 - 200 PLC 微机调速器软件设计

（1）PLC 微机调速器的软件。分为系统软件（监控软件，固化在 ROM 中）和调节软件（用户软件）。系统软件包括故障的诊断、定位、报警和处理。当发现 CPU 出现故障，如有异物调入 PC 或 WDT 的时间到，则停止调节软件运行，并保持相应的系统状态信息，系统软件不断检测调节软件是否有语法和运行错误（如除法溢出等），并进行相应的故障处理：报警或停止运行。还监视各个模块的 24V 电源是否消失，电池电压是否异常低下等。用户程序则是影响系统性能、功能和可靠性的更重要因素。

（2）微机调速器的用户软件及各项功能。用户软件主要有状态检测、调节控制、人机接口、通信、故障诊断及处理等软件。

PLC 微机调速器程序总体框图如图 6 - 12 所示，PLC 上电、复位后，作初始化处理，然后循环扫描各个功能子程序。

子程序的说明：检错子程序，完成频率检错，导叶开度反馈检错；状态子程序，对外来命令和机组当前状态进行检错；PID 调节子程序，完成 PID 运算，求出 YPID；显示子程序，完成整数和浮点数之间的转换；通信子程序，实现与上位机 PC 的通信；停机状态子程序，处理机组在停机状态时的程序；开机开环子程序，处理机组从 0 到 45Hz 开机开环过程；开机闭环子程序，处理机组从 45Hz 到 50Hz 闭环调节过程；增、减负荷子程序，处理机组接受到外部增减负荷指令；停机子程序，处理停机过程；甩负荷子程序，处理机组甩负荷过程。

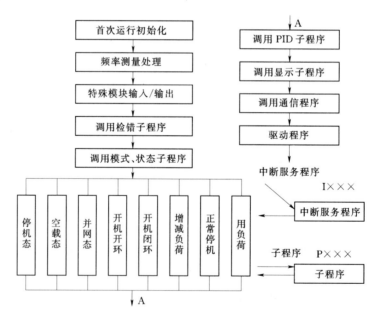

图 6 - 12　软件总体流程图

（一）主程序的实现方法及功能

1. 初始化程序

S7 - 200PLC CPU226 首次进入运行状态（一般采用 SM0.1）时，将对整个调速器程序进行初始化处理，其主要内容为：设置其他模块，如（EM235 等）工作方式及有关参数；EM235 模块有四个模拟量输入点，一个模拟量输出，有分辨率 12 位 A/D 转换器，DIP 开关设置 EM235，开关 1～6 可以选择模拟量输入范围和分辨率，模拟信号的取值范围选取 -5～$+5\text{V}$，模拟量到数字量的转换时间小于 $250\mu\text{s}$。设置特定元件（如通用辅助继电器 M 等）初始状态；设置变量存储器 V 的数据值（如采样周期值、b_t、T_d、T_n、b_p值等）。

2. 频率测量处理程序

在 S7 - 200 中 PLC 的 CPU 内置有六个高速计数器 HSC，单相计数器是 30kHz 时钟频率，其中 HSC3、HSC5 用于动态测频，HSC1、HSC2 用于静态测频。实际操作中，为了提高频率值的精度和速度性，每次中断产生一个新的计数值把上一个值覆盖，把频率换算成以 K_f 为基准值的频率值，参与调节运算，其 PLC 频率测量程序框图如图 6 - 13 所示。

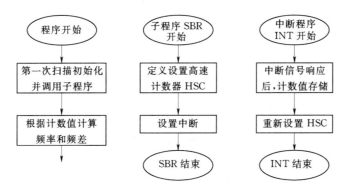

图 6 - 13　频率测量程序框图

3. 模块的 I/O 处理子程序

模块的 I/O 子程序功能是读入各特殊模块的数据和状态，进行相应的判断和计算，得到按 K_f 基准值折算的有关变量数值；并向模块送出命令和数据，使它们在程序控制下工作。本程序主要包括 A/D 的读入和 D/A 的输出。

4. 检错子程序

检错子程序主要包括电位器（导叶位置）反馈检错和频率的软件过滤。

（二）开机、停机子程序

1. 开机过程

当调速器接收到开机指令，将导叶以一定的速度开启至第一开机开度 Y_{KJ1}，如图 6 - 14 所示；再延时 t_0 后开始测量机组频率，当检测到机组频率 f_g 连续 2s 大于 45Hz 时，将导叶关闭至第二开机开度 Y_{KJ2}，如图 6 - 15 所示，转入空载状态。如果接收到停机指令，则转到停机过程。

2. 停机等待

在状态检测子程序中，调速器检测到导叶全关，机组的转速为零时确定为停机状态，并使程序进入相应的停机状态处理子程序。停机等待状态程序框图如图 6 - 16 所示。

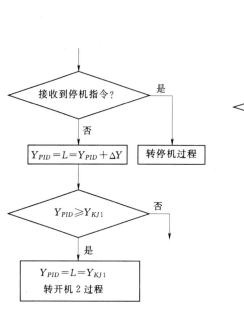

图 6-14 开机 1 过程程序框图

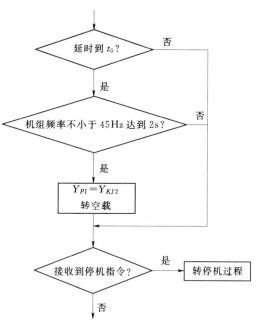

图 6-15 开机 2 过程程序框图

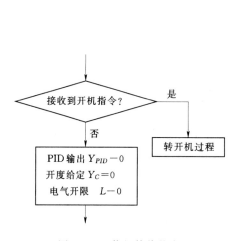

图 6-16 停机等待状态

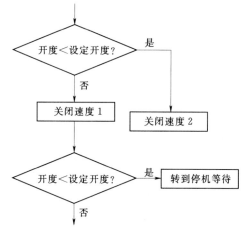

图 6-17 正常停机程序框图

3. 停机过程

调速器进入停机过程,以两种关闭速度使导叶关闭到全关,并转至停机等待状态。正常停机程序框图如图 6-17 所示。

(三)工况转换程序

此程序是确定和转换 PLC 微机调速器的工作状态,PLC 的工作状态包括停机等待、空载状态、并网负载状态、开机过程、负荷调整过程、甩负荷过程和停机过程。

1. 空载状态

经过开机过程,调速器进入空载状态,调速器调用 PID 调节程序进行闭环控制。此时，如果机组油开关合，则转至负载并网状态；如果接收到停机命令，则转向停机过程。空载状态流程图如图 6-18 所示。

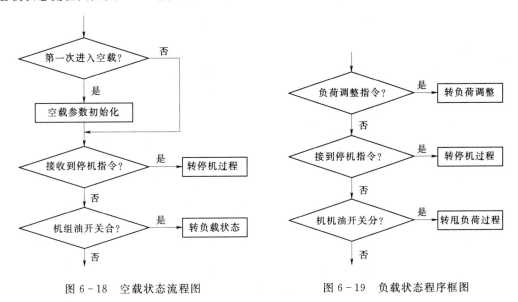

图 6-18　空载状态流程图　　　　　　图 6-19　负载状态程序框图

2. 负载状态

如图 6-19 所示，调速器进入负载状态后，机组油开关断开，则转入甩负荷过程。正常情况下可以执行外部命令实现负荷的调整以及自动正常停机。

3. 甩负荷过程

调速器进入甩负荷过程后，一般采用油开关分断信号快速关闭导叶的控制方式。把油开关信号引入 PLC 的 I0.3 输入口，以中断程序方式快速响应。以油开关信号下降沿作为中断信号，中断号为 7，一般的甩负荷只需转入空载无需停机，要以相应快速限制转速的升高。所以，在甩负荷的时刻，也就是，在中断响应程序中切除 PID 调节控制，发给导叶一个很大的关闭量，让导叶迅速关闭限制转速的升高。当机组转速下降到额定转速附近时，投入 PID 运算并转入空载状态，使机组稳定于空载状态。如果此时接收到停机指令，则转入停机过程。甩负荷过程程序框图如图 6-20 所示。

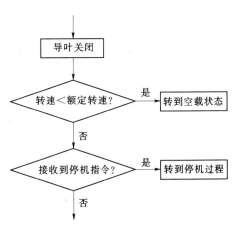

图 6-20　甩负荷过程程序框图

任务实施

一、某种调速器 PLC 系统的 I/O 地址分配表

某调速系统 PLC I/O 地址分配见表 6-2。

表 6 - 2　　　　　　　　　　调速系统 PLC I/O 地址分配表

输入		输出	
输入信号	PLC 地址	输出控制	PLC 地址
并网令	I0.0	故障输出	Q0.0
机频中断	I0.1	折向器关输出	Q1.0
网频中断	I0.2	折向器开输出	Q1.1
机频计数	I0.3		
网频计数	I0.4		
开机令	I1.0		
停机令	I1.1		
跟踪或频给	I1.2		
增给定	I1.3		
减给定	I1.4		
手动	I1.5		

二、某种 PLC 调速系统接线图

某 PLC 调速系统接线如图 6 - 21 所示。

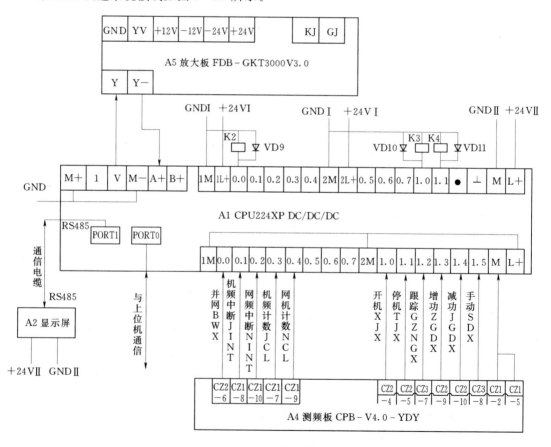

图 6 - 21　PLC 调速系统接线图

三、某种 PLC 调速系统手动子程序

某 PLC 调速系统手动子程序如图 6-22 所示。

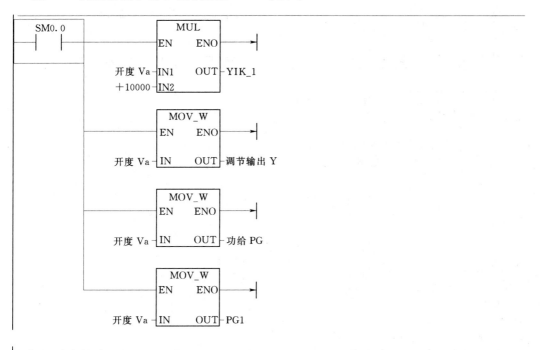

网络 1　手动子程序:VA * 10000=YIK-1,VA=Y,VA=PG,VA=PG1

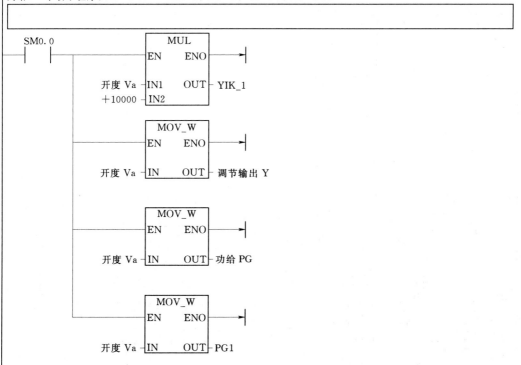

图 6-22（一）　调速器 PLC 系统手动子程序

符号	地址	注释
PG1	VW40	CONTINUE
YIK_1	VD156	＊100000000
调节输出 Y	VW806	VW230
功给 PG	VW810	VW36
开度 Va	VW804	VW240

网络 2 非并网时,VA>2 且机频>40Z 置空载标志;VA<2 或机频<40Z 复位空载并网和小网标志

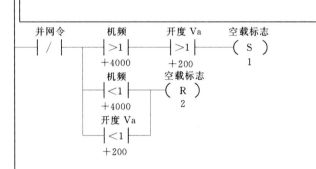

符号	地址	注释
并网令	I0.0	
机频	VW800	VW128
开度 Va	VW804	VW240
空载标志	M0.0	

网络 3 机频故障时,复位 JF0,JF1 和机频

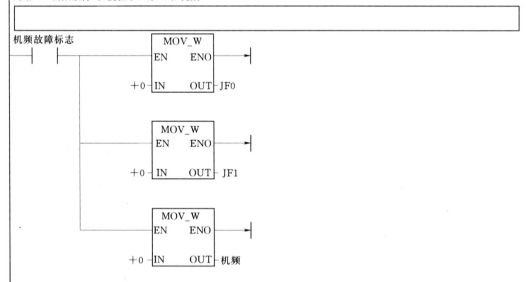

符号	地址	注释
JF0	VW120	
JF1	VW124	
机频	VW800	VW128
机频故障标志	M0.2	

图 6-22（二） 调速器 PLC 系统手动子程序

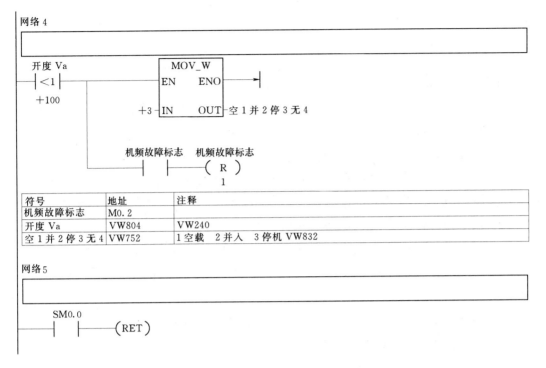

图 6-22（三）　调速器 PLC 系统手动子程序

拓展知识　典型 PLC 水轮机微机调速器结构

图 6-23 所示为典型的 PLC 水轮机微机调速器组成结构，包括微机（PLC）调节器、电/机转换装置和机械液压系统三部分。

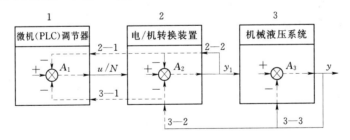

图 6-23　PLC 水轮机微机调速器结构

一、前向通道

图 6-22 中由左至右的控制信息传递通道是任何一种结构调速器必须具备的主通道，包括通道 u/N、通道 y_1 和通道 y。

（1）通道 u/N 是微机（PLC）调节器的输出通道，它的输出可以是电气量 u，也可以是数字量 N。u/N 信号送到电/机转换装置作为其输入信号。

（2）通道 y_1 是电/机转换装置的前向输出通道，它输出的主要是机械位移，也可以是液压信号，是机械液压系统的输入控制信号。

（3）通道 y 是机械液压系统的输出通道，它输出的是接力器的位移，也是调速器的

165

输出信号。

二、反馈通道

反馈通道是与前向通道信息方向相反的通道，反馈通道有 2—1，3—1，2—2，3—2 和 3—3。例如，反馈通道 3—1 是接力器位移 y 经过电机转换装置转换为电气量或数字量，再送给微机（PLC）调节器作为反馈信号的通道。

三、综合比较点

综合比较点是系统前向通道和反馈通道信息的汇合点。位于微机（PLC）调节器、电/机转换装置和机械液压系统中。图中绘出了 3 个比较点：A_1、A_2、A_3。在一般情况下，A_1 是数字量综合比较点，A_2 是电气量综合比较点，A_3 是机械量综合比较点。

四、PLC 调解器输出（前向通道 u/N）信号

（1）模拟量（通过数模转换 D/A）输出 u：$0\sim+10\text{V}$；$0\sim+20\text{mA}$；$-10\sim+10\text{V}$。

（2）数字量输出 N：双向脉宽调制（PWM）输出；$100\sim200\text{kHz}$ 定位脉冲。

能力检测

（1）绘制水轮机调速器开、停机流程图，PLC 接线原理图。

（2）分析一种水轮机 PLC 调速系统的信号。

任务三　水轮发电机组 PLC 控制系统及其调试维护

任务目的

通过对水轮发电机 PLC 控制系统的分析，掌握水轮发电机 PLC 控制系统的构成，掌握系统的安装调试及维护技术。

任务描述

对水轮发电机组 PLC 控制系统组成进行分析，列出 PLC 控制系统的调试维护技术要点。

水轮发电机组计算机监控系统可以由可编程序控制器 PLC、工控机 IPC 或单片计算机来构成。较多的是使用可编程序控制器来构成水轮发电机组自动控制单元，因为可编程序控制器 PLC 适用于顺序控制，也可对有关模拟量进行采集，水轮发电机组的自动控制也主要是顺序控制，通过对可编程序控制器硬件选型及加上 I/O 接口继电器等就可组成所需的硬件系统，利用梯形图编程软件并根据控制过程编制控制软件及模拟量采集软件，从而组成完整的水轮发电机组监控系统。

知识链接　水轮发电机组 PLC 控制、调试及维护

以 PLC 为主构成的水轮发电机组计算机监控系统不仅仅是完成水轮发电机组的控制，而且还完成水轮发电机组的运行状态、运行参数的采集，可按设定值对水轮发电机组进行调节。

一、水轮发电机组 PLC 控制

（一）I/O 接线

常规水轮发电机组控制接线原理是由继电器构成的逻辑控制回路，由继电器的线圈和触点组成一定的逻辑关系，来完成机组的开停机顺序控制及其他控制功能。其接线原理如图 6-24 所示。

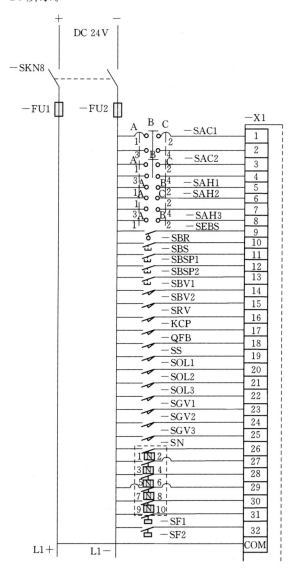

图 6-24　水轮发电机组 PLC 系统输入接线原理图

由 PLC 构成的水轮发电机组监控系统控制接线有其自身的特点，与常规水轮发电机组控制系统不同，其接线原理图简单，水轮发电机组的各种状态由状态触点接入 PLC 的开关量输入模块，控制信号则由 PLC 的输出模块输出。在接线上条理清晰，输入的信号系统接在 PLC 的开关量输入模块，输出信号统统接在 PLC 的开关量输出模块，水轮发电机组控制的逻辑关系则由PLC的软件来完成，而不像常规自动控制系统一样由继电器来完成。常规机组自动控制系统采用继电器的线圈和各种触点的组合来完成一定的逻辑关系，在特定的接线原理图中，常规自动控制系统要求采用特定的动合或动断触点，即在回路中只能使用动合触点或动断触点，这对于动合或动断触点数量较少的场合，需要进行扩展才能满足使用要求。而采用PLC构成的水电站计算机监控系统，则对触点是动合的或动断的没有特别的要求，动合触点或动断触点均可接入PLC的开关量输入模块，且只要有一个状态输入PLC就可以，这个状态送入PLC后，由PLC的软件来构成一定的控制逻辑关系。PLC对输入触点的要求就是这个触点必须是无电压触点，即这个触点必须由PLC专用。

在实际使用中，水轮发电机组开关量输入、输出点数不一定刚好与开关量输入、输出模块的点数相同，所选用的开关量输入、输出模块的点数应大于机组开关量输入、输出点数，这样才能满足使用的要求。通常还要求开关量输入、输出模块留有5%的空余点作为备用，这在一般情况下是不需要为备用专门增加模块；因为模块的点数一定大于实际使用的点数。

PLC的开关量输入输出模块的电压通常是DC 24V或AC 220V，在水轮发电机组控制中，AC 220V较少作为操作电源的电压，因此由PLC构成的水轮发电机组控制系统较常用的操作电源电压是DC 24V。但是，由于被控制的水轮发电机组的操作电源电压经常为DC 110V或DC 220V，PLC DC 24V的输出模块不能对此直接进行控制，加之PLC输出模块每路的功率有限，因此，在一般情况下，PLC的输出模块是通过输出中间继电器来完成对水轮发电机组的控制。其输出接线原理如图6-25所示。

（二）PLC控制系统电源

由于采用了PLC控制系统，在机组就地控制单元上一般集中了机组开停机控制PLC、机组交流电参数测量仪、机组温度巡检仪、变送器等装置或设备，这些设备均需要电源才能工作。

PLC的工作电源可以是AC 220V或DC 24V，采用AC 220V的PLC的电源模块，上面往往还带有DC 24V的输出，输出电流一般为1A或2A，图6-26所示为PLC电源接线原理图，PLC的电源模块输出DC 24V，主要是为了便于PLC开关量输入模块、开关量输出模块的使用。当PLC开关量输入输出模块点数少的时候，使用PLC电源模块提供的DC 24V电源较方便和经济，但是当PLC的输入、输出模块的点数较多时，其提供的电流就不能满足使用要求。在水电站PLC控制系统中，开关量输入、输出点数相对较多，电源模块的输出电流不够使用，因此需外部提供DC 24V供开关量输入、输出模块使用，采用外部电源还可以带来提高PLC电源模块工作可靠性的好处，因为PLC开关量输入、输出模块的外部引出线较长，引线到的地方有的较潮湿，外部引出线容易短路，使用外部DC 24V电源可以避免影响PLC的电源模块的工作。

机组交流电参数测量仪、机组温度巡检仪、部分电气量变送器和非电气量的变送器的工作电源采用AC 220V，为保证这些装置和设备的工作可靠性，便于设备的调试，在屏柜中，这些设备和PLC一样均应有单独的电源分支回路。

PLC的开关量输入、输出模块和部分非电气量变送器使用DC 24V电源，DC 24V电源可以通过交直流电源转换装置获得，也可以从直流蓄电池屏中引出。这些设备的电源也

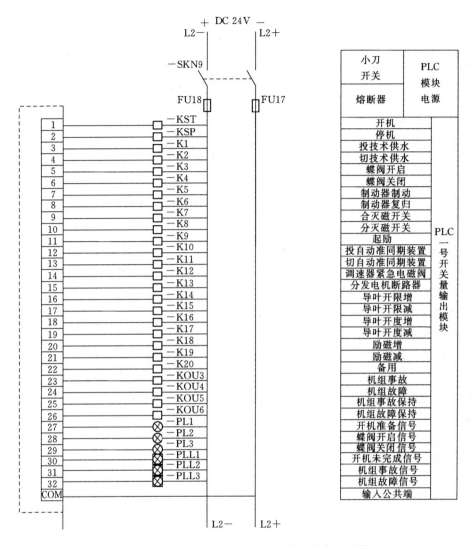

图 6-25 水轮发电机组 PLC 系统输出接线原理图

应由单独的电源分支回路供电,以提高供电的可靠性,方便电站现场调试。水轮发电机组 PLC 控制系统电源接线如图 6-26 所示。

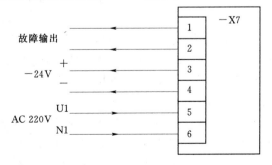

图 6-26 水轮发电机组 PLC 系统电源接线原理图

（三）电站自动控制工程内容

（1）发出命令脉冲以后，机组启动、并网、调节负荷、停机，发电转为调相运行及调相转发电运行等操作，都需自动完成。

（2）能自动保持机组正常工作条件，如速度调整和励磁调整，轴承润滑和冷却，调相压水等。

（3）水轮机前闸门及机组附属设备和公共设备自动操作。

（4）机组发生事故时，自动停机并将机组从系统中切除；当机组发生不正常状态时，自动发出报警信号，并采取预定措施以恢复正常工作。

机组自动控制包括机组润滑系统、冷却系统、制动系统及调相压水系统自动控制，机组启动、停机，机组由调相转发电、由发电转调相等工况转换，机组保护与信号等。

二、调试

水轮发电机组 PLC 控制系统调试分为 PLC 及外部接线检查和模拟调试、单步运行调试、编程器高级调试等，其中编程器高级调试要求调试人员具有较多的计算机知识。

（一）PLC 及外部接线检查

1. PLC 模块检查

水轮发电机组计算机监控系统所使用的 PLC，一般情况下由多种模块组成，这些模块的数量和型号各异，全部安装在基板上，在设备进行调试前首先进行检查。

在组成 PLC 控制系统的模块中，电源模块和 CPU 模块是不能缺少的，应首先检查安装在基板上电源模块和 CPU 模块的型号是否符合所选用的型号。

其次检查开关量输入、输出模块是否符合设计所选用的型号和数量，检查每块开关量输入、输出模块的点数与图纸是否一致。

检查模拟量输入模块和其他模块的型号和数量，检查每块模块的点数与图纸是否一致。

在检查完 PLC 模块的信号和数量正确后，检查 PLC 模块在基板上的安装要稳妥，接插件连接要可靠。

2. PLC 电源接线检查

PLC 电源模块的电源一般有 AC 220V 或 AC 110V 或 DC 24V 三种，在接线时应核对接入的电源电压，以避免接错电源损坏设备，电源接线应牢固可靠，保证 PLC 可靠工作。

3. PLC I/O 模块接线检查

不同的开关量 I/O 模块对接入的电压有不同的要求，有的要求采用 DC 24V，有的要求采用 DC 110V，还有的要求采用 AC 110V 或 AC 220V，如果接错，或使 PLC I/O 模块损坏，或使 PLC 模块不能工作，因此接线完成后应仔细检查接入的电源电压与模块所要求的电压相一致，以保证 PLC 能正确可靠动作。

除检查 PLC 的 I/O 模块的接入电压要正确外，还应检查 PLC 的 I/O 模块各点的接入回路和引出回路正确，由 PLC 组成的水轮发电机组控制系统是由硬件和软件组成的，编制的 PLC 控制软件与各个 I/O 模块的触点相对应，一旦 I/O 模块的实际接线与图纸不符合，根据图纸接线编制的控制软件在运行时就不能保证水轮发电机组的控制顺序符合设计的顺序，对机组会造成意外动作。

（二）模拟调试

水轮发电机组计算机监控系统模拟调试的目的是通过给 PLC 上电，来检查 PLC 各模块的故障情况，模块与基板连接情况，检查、调试模块与外部 I/O 回路的连接情况等。

1.PLC 上电检查

在模拟调试前应先给 PLC 上电，合上 PLC 工作电源开关，检查 PLC 电源指示灯应点亮。

PLC 上电后即自行对所以装在基板上的模块进行检查，若一旦发现其中有个模块有故障，则 PLC 点亮 CPU 模块上的故障指示灯，有些型号的 PLC 在每个模块上均有故障指示灯，用于指明故障模块，上电检查发现故障模块后，应对其进行更换。当 PLC 中已装入水轮发电机组监控程序，PLC 处于运行模式时，PLC CPU 模块上的运行指示灯应点亮，表明 PLC 处于运行模式。

2.选择模拟调试方式

将连续运行/单步运行/模拟调试选择开关拧在模拟调试位置，选择模拟调试方式，由 PLC 运行模拟调试程序，操作单步运行按钮来完成的。在模拟调试方式下，每按一次单步运行按钮，PLC 控制输出模块接通一个输出点，依次从 PLC 第一块开关量输出模块的第一点开始到最后一块开关量输出模块的最后一点结束，且在所有的输出点中保证只有一点接通。

在开关量输出模拟调试中，当有某个控制输出时，在开关量输出模块上对应的指示灯就点亮，输出模块接通相应的控制回路，对水轮发电机组有关设备进行操作，当控制撤出时，对应的指示灯就熄灭。

三、维护

（一）硬件维护

水轮发电机组 PLC 控制系统是有机组基础自动化元件和计算机共同组成的，机组基础自动化元件如同人的眼睛、鼻子、手脚，计算机如同人的大脑，当其中任何一方不能正常工作，整个水轮发电机组 PLC 控制系统就不能协调工作，因此应对这些硬件设备进行定期维护。

水轮发电机组 PLC 控制系统硬件维护分为机组基础自动化元件维护和可编程序控制器 PLC 的维护。

1.机组基础自动化元件维护

水轮发电机组 PLC 控制系统与常规机组自动控制系统一样，具有同样的机组基础自动化元件，这部分的维护与常规的完全一样，应定期检查各种行程开关、位置触点、液位信号触点、电池阀灯，这些设备工作要正确、可靠、灵敏。如果机组的基础自动化元件不可靠，就会造成水轮发电机组 PLC 控制系统的拒动或误动，这在实际使用中已出现过。例如，如果上导轴承油位信号器有故障，卡在油位过高位置，水轮发电机组 PLC 控制系统就会发出油位过高的故障信号。

2. PLC 的维护

(1) PLC 电源检查。PLC 要可靠地工作，首先必须保证其工作电源和 I/O 模块电源，要定期检查电源电压在 PLC 许可范围内。

(2) PLC 故障检查。在 PLC 上电后及水轮发电机组开机前，要检查 PLC 有无故障信号出现，若 PLC 有故障信号出现，应查找原因并进行处理。

(3) 检查 PLC 电池。若 PLC 用电池保持程序，应定期检查电池，若 PLC 电源模块上的电池电力不足信号出现，应立即更换电池，否则会造成程序丢失。

(4) 检查 PLC 的 I/O 模块。定期使用模拟调试方法，检查 PLC 的 I/O 模块上有无坏点。在检查输出模块上有无坏点时，可以操作输出模块的电源开关 SKN9，见图，以切除输出模块中间继电器的电源，切除 PLC 对机组的控制，以便于实验。

当发现 I/O 模块上有坏点时，有两个解决办法：一是更换模块，当手头有备用模块时，这种方法简单且快；二是更改模块上的接线，避开坏点，将引线接到备用触点上，这种方法将对软件进行修改，涉及软件维护，处理稍复杂，但可以节省下更换模块的费用，另外当手头没有备用模块时只能这样处理。

（二）软件维护

水轮发电机组 PLC 控制系统调试完毕投入运行后，在正常情况下是不需要对 PLC 的软件进行修改的，也即没有软件维护工作量，因为计算机的软件不同于外部硬件接线，软件写入存储器芯片后，只要没有人去修改，软件是不会变化的。只要出现下面几种情况时，才需要对软件进行维护。

1. 机组运行工况改变

当水轮发电机组运行工况出现改变时，原有的控制软件已不能适应新的运行工况，必须对机组的控制软件作修改。如机组增加了调相运行工况等。

2. 机组改造维修后

当机组改造维修后，一般情况都会对机组的自动化元件作一些或多或少的调整或增减，这时 PLC 的 I/O 模块的接线也要做相应的改变，就必须对机组控制软件进行修改维护。

3. I/O 模块出现坏点

当 PLC 的 I/O 模块出现坏点，将坏点上的接线移到备用点上，必须对机组控制软件进行修改维护。

将上述几点归纳起来就可以看出，只要 PLC 的 I/O 引线出现变更或调整，就必须对机组的控制软件进行修改和维护。

任务实施

(1) 教师提出问题，布置任务：

1. 水轮发电机组 PLC 控制系统的信号有哪些，其作用分别是什么？

2. 水轮发电机组 PLC 控制系统实现的关键技术是什么？

3. 水轮发电机组 PLC 控制系统如何进行安装、调试及维护？

(2) 学生进行分组讨论完成本任务相关内容，提交小组讨论结论报告，学生小组之间相互评价对任务的完成情况，教师点评各个小组的相关任务，每个学生独立完成相关任务的最终报告。

拓展知识　PLC 的安装、接线、维护和检修

PLC 是一种新型的通用自动化控制装置，它有许多优点，尽管 PLC 在设计制造时已采取了很多措施，是它对工业环境比较适应，但是工业生产现场的工作环境较为恶劣，为确保 PLC 控制系统稳定可靠，还是应当尽量使 PLC 有良好的工作环境条件，并采取必要抗干扰措施。

一、PLC 的安装和接线

（一）安装的注意事项

1. 安装环境

为保证 PLC 工作的可靠性，尽可能地延长其使用寿命，在安装时一定要注意周围的环境，其安装场合应该满足以下几点：

（1）环境温度在 0～55℃范围内。

（2）环境相对湿度应在 35％～85％范围内。

（3）周围无易燃和腐蚀性气体。

（4）周围无过量的灰尘和金属微粒。

（5）避免过度的振动和冲击。

（6）不能受太阳光的直接照射或水的溅射。

2. 注意事项

除满足以上安装环境条件外，安装时还应注意以下几点：

（1）PLC 的所有单元必须在断电时安装和拆卸。

（2）为防止静电对可编程控制器组件的影响，在接触 PLC 前，先用手接触某一接地的金属物体，以释放人体所带静电。

（3）注意 PLC 机体周围的通风和散热条件，切勿将导线头、铁屑等杂物通过通风窗落入机体内。

（二）安装与接线

1. PLC 系统的安装

FX 系列 PLC 的安装方法有底板安装和 DIN 导轨安装两种方法。

（1）底板安装。利用 PLC 机体外壳四个角上的安装孔，用规格为 M4 的螺钉将控制单元、扩展单元、A/D 转换单元、D/A 转换单元及 I/O 链接单元固定在底板上。

（2）DIN 导轨安装。利用 PLC 底板上的 DIN 导轨安装杆将控制单元、扩展单元、A/D 转换单元、D/A 转换单元及 I/O 链接单元安装在 DIN 导轨上。安装时安装单元与安装导轨槽对齐向下推压即可。将该单元从 DIN 导轨上拆下时，需用一字形的螺丝刀向下轻拉安装杆。

2. PLC 系统的接线

PLC 系统的接线主要包括电源接线、接地、I/O 接线及对扩展单元接线等。

（1）电源接线。FX 系列 PLC 使用 DC 24V、AC 100～120V 或 AC 200～240V 的工业电源。FX 系列 PLC 的外接电源端位于输出端子板左上角的两个接线端，使用直径为 0.2cm 的双绞线作为电源线。过强的噪声及电源电压波动过大都可能使 FX 系列 PLC 的 CPU 工作异常，以致引起整个控制系统瘫痪。为避免由此引起的事故发生，在电源接线时，需采取隔离变压器等有效措施，且用于 FX 系列 PLC，I/O 设备及电动设备的电源接线应分开连接。

另外，在进行电源接线时还要注意以下几点：

1）FX 系列 PLC 必须在所有外部设备通电后才能开始工作。为保证这一点，可采取下面的措施：①所有外部设备都上电后再将方式选择开关由"STOP"方式设置为"RUN"方式；②将 FX 系列 PLC 编程设置为在外部设备未上电前不进行 I/O 操作。

2）当控制单元与其他单元相接时，各单元的电源线连接应能同时接通和断开。

3）当电源瞬间掉电时间小于 10ms 时，不影响 PLC 的正常工作。

4）为避免因失常而引起的系统瘫痪或发生无法补救的重大事故，应增加紧急停车电路。

5）当需要控制两个相反的动作时，应在 PLC 和控制设备之间加互锁电路。

（2）接地。良好的接地是保证 PLC 正常工作的必要条件。在接地时要注意以下几点：

1）PLC 的接地线应为专用接地线，其直径应在 2mm 以上。

2）接地电阻应小于 100Ω。

3）PLC 的接地线不能和其他设备共用，更不能将其接到一个建筑物的大型金属结构上。

4）PLC 的各单元的接地线相连。

（3）控制单元输入端子接线。FX 系列的控制单元输入端子板为两头带螺钉的可拆卸板，外部开关设备与 PLC 之间的输入信号均通过输入端子进行连接。在进行输入端子接线时，应注意以下几点：

1）输入线尽可能远离输出线、高压线及电机等干扰源。

2）不能将输入设备连接到带"."端子上。

3）交流型 PLC 的内藏式直流电源输出可用于输入；直流型 PLC 的直流电源输出功率不够时，可使用外接电源。

4）切勿将外接电源加到交流型 PLC 的内藏式直流电源的输出端子上。

5）切勿将用于输入的电源并联在一起，更不可将这些电源并联到其他电源上。

（4）控制单元输出端子接线。FX 系列控制单元输出端子板为两头带螺钉的可拆卸板，PLC 与输出设备之间的输出信号均通过输出端子进行连接。在进行输出端子接线时，应注意以下几点：

1）输出线尽可能远离高压线和动力线等干扰源。

2）不能将输出设备连接到带"."端子上。

3）各"COM"端均为独立的，故各输出端既可独立输出，又可采用公共并接输出。当各负载使用不同电压时，采用独立输出方式；而各个负载使用相同电压时，可采用公共输出方式。

4）当多个负载连到同一电源上时，应使用型号为 AFP1803 的短路片将它们的

"COM"端短接起来。

5）若输出端接感性负载时，需根据负载的不同情况接入相应的保护电路。在交流感性负载两端并接 RC 串联电路；在直流感性负载两端并接二极管保护电路；在带低电流负载的输出端并接一个泄放电阻以避免漏电流的干扰。以上保护器件应安装在距离负载 50cm 以内。

6）在 PLC 内部输出电路中没有保险丝，为防止因负载短路而造成输出短路，应在外部输出电路中安装熔断器或设计紧急停车电路。

（5）扩展单元接线。若一台 PLC 的输入输出点数不够时，还可将 FX 系列的基本单元与其他扩展单元连接起来使用。具体配置视不同的机型而定，当要进行扩展配置时，请参阅有关的用户手册。

（6）FX 系列可编程控制器的 A/D、D/A 转换单元接线。A/D、D/A 转换单元的接线的注意事项如下：

1）A/D 模块。

a. 为防止输入信号上有电磁感应和噪声干扰，应使用两线双绞式屏蔽电缆。

b. 建议将屏蔽电缆接到框架接地端（F.G）。

c. 若需将电压范围选择端（RNAGE）短路，应直接在端子板上短接，不要拉出引线短接。

d. 应使主回路接线远离高压线。

e. 应确保使用同一组电源线对控制单元和 A/D 单元进行供电。

2）D/A 模块。

a. 为防止输出信号上有电磁感应和噪声干扰，应使用两线双绞式屏蔽电缆。

b. 建议将屏蔽电缆接到负载设备的接地端。

c. 在同一通道上的电压输出和电流输出不能同时使用。没有使用的输出端子应开路。

d. 应使主回路接线远离高压线。

e. 应确保使用同一组电源线对控制单元和 D/A 单元进行供电。

二、PLC 的维护和检修

（一）维护检查

PLC 的主要构成元器件是以半导体器件为主体，考虑到环境的影响，随着使用时间的增长，元器件总是要老化的。因此定期检修与做好日常维护是非常必要的。

要有一支具有一定技术水平、熟悉设备情况、掌握设备工作原理的检修队伍，做好对设备的日常维修。

对检修工作要制定一个制度，按期执行，保证设备运行状况最优。每台 PLC 都有确定的检修时间，一般以每 6 个月～1 年检修一次为宜。当外部环境条件较差时，可以根据情况把检修间隔缩短。定期检修的内容见表 6-3。

（二）故障排除

对于具体的 PLC 的故障检查可能有一定的特殊性。有关 FX 系列的 PLC 故障检查和处理方法见表 6-4。

表 6-3   PLC 定期检修

序　号	检修项目	检修内容	判断标准
1	供电电源	在电源端子处测量电压波动范围是否在标准范围内	电动波动范围：85%～110%供电电压
2	外部环境	环境温度	0～55℃
		环境湿度	35%～85%RH，不结露
		积尘情况	不积尘
3	输入输出用电源	在输入输出端子处测电压变化是否在标准范围内	以各输入输出规格为准
4	安装状态	各单元是否可靠固定	无松动
		电缆的连接器是否完全插紧	无松动
		外部配线的螺钉是否松动	无异常
5	寿命元件	电池、继电器、存储器	以各元件规格为准

表 6-4   FX 系列 PLC 故障检查和处理方法

问　题	故障原因	解决方法
输出不工作	输出的电气浪涌使被控设备损坏	当接到感性负载时，需要接入抑制电路
	程序错误	修改程序
	接线松动或不正确	检查接线，如果不正确，要改正
	输出过载	检查输出的负载
	输出被强制	检查 CPU 是否有被强制的 I/O
CPU SF（系统故障）灯亮	用户程序错误	对于编程错误：检查 FOR、NEXT、JMP、比较指令的用法
	电气干扰	对于电气干扰：检查接线。控制盘良好接地和高电压与低电压不要并行引线很重要
	元器件损坏	对于元器件损坏：把 DC 24V 传感器电源的 M 端子接地，查出原因后，更换元器件
电源损坏	电源线引入过电压	把电源分析器连接到系统，检查过电压尖峰的幅值和持续时间，根据检查的结果给系统配置抑制设备
电子干扰问题	不合适的接地	纠正不正确的接地系统
	在控制柜内交叉配线	纠正控制盘不良接地和高电压和低电压不合理的布线
	对快速信号配置输入滤波器	把 DC 24V 传感器电源的 M 端子接地增加系统数据存储器中的输入滤波器的延迟时间
当连接一个外部设备时通信网络损坏。（计算机接口、PLC 接口或 PC/PPI 电缆损坏）	如果所有的非隔离设备（例如 PLC、计算机和其他设备）连到一个网络，而该网络没有一个共同的参考点，通信电缆提供了一个不期望的电流可以造成通信错误或损坏电路	检查通信网络
		更换隔离型 PC/PPE 电缆
		当连接没有共同电气参考点的机器时，使用隔离型 RS-485RS-485 中继器
	SWOPC-FXGP/WIN-C 通信问题	检查网络通信信息后处理
	错误处理	检查错误代码信息后处理

应该说 PLC 是一种可靠性、稳定性极高的控制器。只要按照其技术规范安装和使用，出现故障的概率极低。但是，一旦出现了故障，一定要按上述步骤进行检查、处理。特别是检查由于外部设备故障造成的损坏，一定要查清故障原因，待故障排除以后再试运行。

能力检测

（1）绘制水轮机发电机组开、停机流程图。

（2）制定水轮机 PLC 控制系统检修计划。

附录一 项目评价表

项目学习情况评估考核表

学生姓名			学号		班级	
评估项目	评估内容	评估标准			评估等级	
××项目 完成情况 （60分）	功能实现 （20分）	优：各项功能均完全实现，性能可靠。 良：各项功能均完全实现，但有瑕疵，如操作不方便、保护功能不完善等。 中：有一项功能没有实现。 差：有两项以上功能没有实现			□优 □良 □中 □差	
	操作技能 （20分）	优：各项技能均完全掌握，思路清晰灵活。 良：各项操作技能基本掌握。 中：有一项操作技能没有达到要求。 差：有两项及以上操作技能没有达到要求			□优 □良 □中 □差	
	技术资料 （5分）	优：技术资料完整、正确，且全部符合要求，图面整洁、规范。 良：技术资料完整、正确，且全部符合要求，图面质量较差。 中：技术资料完整，不超过一处违反要求，图面质量较差；或三处以下的错误。 差：技术资料不完整或有多处违反要求，或有较多错误			□优 □良 □中 □差	
	元件安装与 布线工艺 （5分）	优：全部符合国家标准和工艺规范。 良：全部符合国家标准安装布线工艺基本符合要求。 中：全部符合国家标准安装布线工艺较好。 差：有不符合国家标准的情况或安装布线工艺较差			□优 □良 □中 □差	
	实训项目 完成进度 （10分）	优：工作过程的每个步骤均符合工作进程安排，按时完成整个改造项目；或能提前完成改造项目。 良：按时完成整个改造项目，但少部分环节没按进度表完成。 中：按时完成整个改造项目，但多数环节没按进度表完成。 差：没有按时完成改造任务			□优 □良 □中 □差	

评估项目	评估内容	评估标准	评估等级
基本素质 （20分）	安全文明操作 （10分）	优：没有发生任何安全事故和设备、元器件损坏，使用材料无浪费，工作现场整齐规范。 良：没有发生任何安全事故和设备、元器件损坏，工作现场整齐规范。 中：没有发生任何安全事故和设备、元器件损坏。 差：发生安全事故，或有元器件损坏，或现场长期脏、乱差，或造成大量材料浪费	□优 □良 □中 □差
	团队协作精神 （5分）	优：能进行合理的分工，在工作过程中能相互协商、讨论，共同完成改造工作。 良：能进行合理的分工，在工作过程中能相互协商、帮助，共同完成改造工作。 中：分工不合理，个别人承担较多工作任务，相互协调差。 差：分工不合理，个别人极少参加改造工作，相互间不协调、讨论	□优 □良 □中 □差
	劳动纪律 （5分）	优：能完全遵守实训室管理制度和作息制度，无违纪行为。 良：能遵守实训室管理制度和无旷工行为，迟到/早退1次。 中：能遵守实训室管理制度和无旷工行为，迟到/早退2次。 差：违反实训室管理制度，或有1次旷工、或迟到/早退4次。 注：劳动纪律出现重大问题，取消成绩	□优 □良 □中 □差
总体评估 （20分）	重点对理论知识掌握情况评估	教师通过现场抽查、答辩、布置临时作业等多种方式评估，教师根据考核情况确定等级	□优 □良 □中 □差
教师评语			
总成绩		教师签名	
备　注	各等级权重：优＝1，良＝0.85，中＝0.7，差＝0.5		

附录二 "PLC 及其在水电站的应用" 项目任务及学时分配表

"PLC 及其在水电站的应用" 项目任务及学时分配

项目编号	项目名称	项目任务	理论课时	实践课时	任务小计	项目小计
项目一	PLC 基本逻辑控制	任务一　PLC 彩灯控制	4	4	8	12
		任务二　PLC 电机控制系统	2	2	4	
项目二	PLC 顺序控制系统	任务一　PLC 交通信号灯控制	2	2	4	10
		任务二　PLC 机械手动作模拟控制	2	4	6	
项目三	PLC 定位控制系统	任务一　PLC 步进驱动控制	2	4	6	14
		任务二　PLC 交流伺服控制	4	4	8	
项目四	PLC 模拟量控制	任务　PLC 温度控制系统	4	4	8	8
项目五	PLC 监控系统	任务一　PLC 通信与网络	2	4	6	22
		任务二　PLC、触摸屏、变频器综合控制系统	2	6	8	
		任务三　PLC、组态软件、变频器控制系统	2	6	8	
项目六	PLC 在水电站的应用	任务一　水电站辅机 PLC 控制系统	4	8	12	36
		任务二　水轮机调速器 PLC 控制系统	4	8	12	
		任务三　水轮发电机组 PLC 控制系统及其调试维护	4	8	12	
共计			38	64	102	102

参 考 文 献

[1] 方爱平 . PLC 与变频器技能实训 . 项目式教学 [M]. 北京：高等教育出版社，2011.

[2] 曹京生，夏长凤 . 现代电气控制技术 [M]. 北京：冶金工业出版社，2011.

[3] 刘毅力 . 基于 S7 - 200PLC 水轮机微机调速器系统的实现 [D]. 西安理工大学硕士论文，2009

[4] 廖常初 . PLC 基础及应用 [M]. 北京：机械工业出版社，2006.

[5] 瞿彩萍 . PLC 应用技术（三菱）[M]. 北京：中国劳动出版社，2006.

[6] 张运刚，宋小春，郭武强 . 从入门到精通—西门子 S7 - 200PLC 技术与应用 [M]. 北京：人民邮电出版社，2009.

[7] 林春方 . 可编程控制器原理及其应用 [M]. 上海：上海交通大学出版社，2004.

[8] 常斗南 . 可编程序控制器原理·应用·实验 [M]. 北京：机械工业出版社，1998.

[9] 史国生 . 电气控制与可编程控制器技术 [M]. 北京：化学工业出版社，2003.

[10] 阮友德 . 电气控制与 PLC 实训教程 [M]. 北京：人民邮电出版社，2006.

[11] 肖明耀 . PLC 原理与应用 [M]. 北京：中国劳动社会保障出版社，2006.

[12] 刘宝廷 . 步进电机及其驱动控制系统 [M]. 哈尔滨：哈尔滨工业大学出版社，1997.

[13] 王鸿钰 . 步进电机控制技术入门 [M]. 上海：同济大学出版社，1990.

[14] 蔡行键 . 深入浅出西门子 S7 - 200PLC [M]. 北京：北京航空航天大学，2003.

[15] 殷洪义 . 可编程控制器选择、设计与维护 [M]. 北京：机械工业出版社，2002.

[16] 夏路易 . 可编程控制器原理与程序设计 [M]. 北京：电子工业出版社，2002.

[17] 颜嘉男，王自强 . 伺服电机应用技术 [M]. 北京：科学出版社，2010.

[18] 岂兴明，苟晓卫，罗冠龙 . PLC 与步进伺服快速入门与实践 [M]. 北京：人民邮电出版社，2011.

[19] 陈建明 . 电气控制与 PLC 应用 [M]. 北京：电子工业出版社，2009.

[20] 袁任光 . 可编程序控制器选用手册 [M]. 北京：机械工业出版社，2002.

[21] 戴仙金 . 西门子 S7 - 200 系列 PLC 应用与开发 [M]. 北京：中国水利水电出版社，2007.

[22] 谢克明，夏路易 . 可编程控制器原理与程序设计 [M]. 北京：电子工业出版社，2002.

[23] 丁镇生 . 传感器及传感技术应用 [M]. 北京：电子工业出版社，1998.

[24] 王永华 . 现代电气控制及 PLC 应用技术 [M] 北京：北京航空航天大学出版社，2007.

[25] 马小军 . 可编程控制器及应用 [M]. 南京：东南大学出版社，2007.

[26] 邵裕森，巴筱云 . 过程控制及仪表 [M]. 北京：机械工业出版社，1999.

[27] 邵裕森，戴先中 . 过程控制工程 [M]. 北京：机械工业出版社，2000.

[28] 中国电子学会 . 2000/2001 传感器与执行器大全 [M]. 北京：电子工业出版社，2001.

[29] 柴瑞娟，陈海霞 . 西门子 PLC 编程技术及工程应用 [M]. 北京：机械工业出版社，2006.

[30] 文锋，陈青 . 自动控制理论 [M]. 北京：中国电力出版社，2008.

[31] 林德杰 . 过程控制仪表及控制系统 [M]. 北京：机械工业出版社，2008.

[32] 胡顺彬，陈琦 . 基于 S7 - 200PLC 的水电站辅机自动化监控系统设计和实现 [J]. 水利科技与经济杂志，2005.